化学驱数值模拟技术

王凤兰 陈 国 白军辉 曹瑞波 张新亮 路克微 等著

石油工业出版社

内容提要

本书以大庆油田化学驱数值模拟技术多年科研探索与开发实践为基础，系统总结了大庆油田在化学驱数值模拟技术方面取得的研究成果，详细介绍了大庆油田在化学驱驱油机理认识、数学模型建立、求解技术、化学驱数值模拟参数测定、前后处理技术等方面取得的科研成果。

本书可供从事采油工程的技术人员、管理人员及高等院校相关专业师生阅读和参考。

图书在版编目（CIP）数据

化学驱数值模拟技术 / 王凤兰等著. -- 北京：石油工业出版社，2024.8. -- ISBN 978-7-5183-6833-4

Ⅰ. TE357.46

中国国家版本馆 CIP 数据核字第 2024LZ4743 号

出版发行：石油工业出版社
（北京安定门外安华里 2 区 1 号　100011）
网　　址：www.petropub.com
编辑部：（010）64523546
图书营销中心：（010）64523633
经　　销：全国新华书店
印　　刷：北京中石油彩色印刷有限责任公司

2024 年 8 月第 1 版　2024 年 8 月第 1 次印刷
787×1092 毫米　开本：1/16　印张：11
字数：280 千字

定价：90.00 元
（如出现印装质量问题，我社图书营销中心负责调换）
版权所有，翻印必究

前 言

油藏数值模拟是利用油藏数学模型的动态来表示或者求解真实油藏动态的过程，目前已成为三次采油科研生产中非常重要的配套技术，它是进行驱油机理研究、制定油藏开发方案、预测油藏动态、分析地下剩余油分布、进行开发方案调整及提高采收率潜力研究所依赖的重要技术。借助于三次采油数值模拟的技术支持，能够有效地减少三次采油的风险，提高经济效益。

本书以大庆油田化学驱数值模拟技术多年科研探索与开发实践为基础，系统总结了大庆油田在化学驱数值模拟技术方面取得的研究成果，详细介绍了大庆油田在化学驱驱油机理认识、数学模型建立、求解技术、化学驱数值模拟参数测定、前后处理技术等方面取得的科研成果。全书共分为七章，第一章简要介绍了化学驱数值模拟作用、技术现状及发展趋势；第二章详细介绍了大庆油田聚合物黏性驱油机理、弹性驱油机理、多种分子量聚合物驱油机理及相关数学模型；第三章详细介绍了复合驱驱油机理、涉及的化学反应及数学模型；第四章介绍了大庆油田化学驱数值模拟软件基本数学模型及求解方法；第五章详细介绍了化学驱数值模拟参数测定方法及求解方法；第六章主要介绍了大庆油田化学驱数值模拟前后处理技术；第七章介绍了大庆油田化学驱数值模拟技术应用实例。

本书于 2024 年 1 月完成初稿，此后根据审稿专家的意见进行了多次修改，最终由王凤兰、陈国完成统稿。第一章由王凤兰、陈国撰写；第二章由张新亮、陈国撰写；第三章由白军辉、马沫然、苏旭撰写；第四章由路克微、王凤兰撰写；第五章由陈国、路克微撰写；第六章由曹瑞波、魏长清撰写；第七章由马沫然、白军辉撰写。全书由王凤兰、陈国统一审阅定稿。

在本书撰写过程中，得到了大庆油田有限责任公司勘探开发研究院领导及相关专家的指导与帮助，在此一并表示深深的谢意！

由于水平有限，书中难免存在不足之处，敬请广大读者批评指正。

目 录

第一章 化学驱数值模拟技术发展概述 … 1
- 第一节 化学驱简介 … 1
- 第二节 油藏数值模拟在化学驱中的作用 … 3
- 第三节 化学驱数值模拟技术现状和发展趋势 … 3

第二章 聚合物驱机理和数学模型 … 7
- 第一节 聚合物溶液性质及流动特性 … 7
- 第二节 聚合物溶液黏性驱油机理和数学模型 … 11
- 第三节 聚合物溶液弹性驱油机理和数学模型 … 18
- 第四节 分质分注多种分子量聚合物驱油机理和数学模型 … 27

第三章 复合驱机理和数学模型 … 38
- 第一节 低酸值原油驱油体系协同效应 … 38
- 第二节 化学复合协同效应驱油机理数学模型 … 51
- 第三节 碱与储层矿物复杂化学反应 … 54
- 第四节 碱溶蚀和结垢数学模型 … 61

第四章 数学模型和求解方法 … 72
- 第一节 基本数学模型 … 72
- 第二节 求解方法 … 86

第五章 数值模拟参数测定 … 100
- 第一节 数学模型参数求解方法 … 100
- 第二节 聚合物驱数值模拟参数测定 … 103
- 第三节 复合驱数值模拟参数测定 … 112

第六章 化学驱数值模拟前后处理一体化技术 … 120
- 第一节 油藏数值模拟前处理技术 … 120
- 第二节 油藏数值模拟后处理技术 … 126
- 第三节 大庆油田化学驱数值模拟前后处理一体化集成平台 … 130

第七章　化学驱数值模拟技术应用实例……………………………………………… 142
　　第一节　聚合物驱应用实例………………………………………………………… 142
　　第二节　复合驱应用实例…………………………………………………………… 154
参考文献……………………………………………………………………………………… 169

第一章　化学驱数值模拟技术发展概述

石油是一类埋藏于地层深部的流体矿藏，具有独特的开采方式。与其他矿物资源相比，石油的采收率较低，例如在非均质油藏中，注水开发的原油采收率通常只有其原始地质储量的 20%~40%。如何利用先进的技术将这些剩余油尽可能多地、经济高效地开采出来，即提高原油采收率，是油田开发必然面临并具有极大吸引力的问题。

化学驱作为提高石油采收率的技术手段之一，目前正在被广泛应用到各大高含水老油田，并取得了良好的效果，而随着化学驱数值模拟技术的发展，解决了开采成本高、风险大等前期制约化学驱技术的主要难题，如今化学驱数值模拟已经成为方案编制、效果预测、指导油田开发的提高采收率技术中的重要组成部分。

第一节　化学驱简介

凡是以化学剂作为驱油介质，以改善地层流体的流动特性，改善驱油剂、原油、油藏孔隙之间的界面特性，提高原油开采效果与效益的所有采油方法统称为化学驱。常见的化学驱方法有聚合物驱、表面活性剂驱、碱水驱以及化学复合驱（如表面活性剂/聚合物二元复合驱、碱/表面活性剂/聚合物三元复合驱等）。

大庆油田自20世纪60年代以来，一直十分重视化学驱油的基础科学研究和现场试验。大庆油田在会战初期就提出，如果采收率提高1%，就相当于找到了1个玉门油田；如果提高5%，就相当于找到了1个克拉玛依油田。为此，60年代初期，大庆油田就分别在萨中和萨北地区开辟了三次采油提高采收率试验区。由于大庆原油属于石蜡基低酸值原油，开展表面活性剂驱难度很大，因此80年代初，大庆油田开展了以聚合物驱为重点的三次采油科技攻关。随着科学技术的进步，90年代大庆油田又开展了碱/表面活性剂/聚合物三元体系的复合驱油技术研究。通过"七五""八五"及"九五"以来的国家重点项目科技攻关，大庆油田的聚合物驱油技术和三元复合驱技术均取得了突破性的进展，聚合物驱油、三元复合驱油技术已大规模进入工业应用，截至2022年，大庆油田化学驱累计产油 $2.97 \times 10^8 t$，年产油量已连续21年保持 $1000 \times 10^4 t$ 以上，为大庆油田高效开发作出了突出贡献。

一、聚合物驱技术

聚合物驱是一种提高采收率的方法。在宏观上，它主要靠增加驱替液黏度，降低驱替液和被驱替液的流度比，从而扩大波及体积；在微观上，聚合物由于其固有的黏弹性，在流动过程中产生对油膜或油滴的拉伸作用，增加了携带力，提高了微观洗油效率。

目前，我国的大型油田，如大庆油田、胜利油田等东部油田都已进入水驱开发后高含水开发阶段，产量都有不同程度的递减，而新增储量又增加得越来越缓慢，并且勘探成本和难度也越来越大，因此控制含水、稳定目前原油产量、最大限度地提高最终采收率、经济合理地予以利用和开发，对整个石油工业有着举足轻重的作用。目前的三次采油技术中，化学驱技术占有重要的地位，化学驱中又以聚合物驱最为成熟有效。聚合物驱机理就是在注入水中加入高分子聚合物，增加驱替相黏度，调整吸水剖面，增大驱替相波及体积，从而提高最终采收率。

大庆油田是我国最大的油田，也是世界上为数不多的特大型陆相砂岩油田之一。大庆油田在20多年的聚合物驱实践中，开发出了一套涵盖储层、生产、设施工程、采出液处理等全套技术。聚合物驱已逐渐成为大庆油田稳定产能的重要技术手段。

截至2021年底，全国共实施了127个化学驱项目，年产油1600×10^{4}t，累计增油量1400×10^{4}t。各聚合物驱区块均取得了较好的效果，含水率明显下降，原油产量大幅度提高，采收率显著提高。几乎每个地区的含水率都下降了20%以上，个别地区甚至达到35%。与水驱相比，采收率提高10%以上。

聚合物驱与水驱相比，在提高体积波及系数和波及效率基础上，可显著提高采收率。现场试验表明，随着浓度和注入量的增加，采收率提高。通过聚合物驱，大庆油田主力油层的采收率有所提高，已达到50%以上。与其他油田相比提高了10%~15%。大庆油田是世界上最大的聚合物驱油田，目前已取得了很大的进展。

二、复合驱油技术

复合驱油技术是向油藏注入各种类型的化学剂，改善驱替介质在油藏中的动力学特性、驱替介质与原油之间相互作用的物理化学特性和储层的物理化学特性，达到提高石油采收率的方法。有些技术只具有其中的某一种效应，有些技术则具有两种或两种以上的综合效应。

三元复合驱油技术是指碱、表面活性剂、聚合物组成的化学复合体系驱油技术，它是在碱驱、表面活性剂驱和聚合物驱的基础上发展起来的一项大幅度提高原油采收率的新技术。该技术综合了碱驱、表面活性剂驱、聚合物驱的优点，不仅能扩大波及体积、提高驱油效率，而且能较大幅度地降低表面活性剂的用量，使其具有较好的技术经济可行性。

20世纪80年代，碱/表面活性剂/聚合物三元复合驱油技术迅速发展，最早由Dome等几个石油公司开发的碱/表面活性剂/聚合物复合驱油体系（ASP驱）一出现便受到了普遍重视。该体系在低浓度表面活性剂溶液中［浓度低于0.5%（质量分数）］加入适当的碱，并配以适当的聚合物以保持体系的黏度。采用该体系几乎能得到与胶束/聚合物（MP）驱相同的采收率增幅，而化学剂的用量却大大降低。

20世纪80年代后期，Terra能源公司在美国怀俄明州West Kiehl油田进行了ASP复合驱先导性矿场试验，可以使石油采收率提高15%（OOIP）以上，且吨油成本大幅度降低。

我国在前期研究的基础上，20世纪80年代后期，明确提出了ASP三元复合驱的概念，并对复合驱油机理、驱油体系、室内评价方法及现场试验进行了系统深入研究，不仅开发出针对高酸值原油的ASP复合驱油技术，而且针对低酸值石蜡基原油的ASP复合驱油技术也取得了突破性研究成果，先后在胜利、克拉玛依、大庆等油田进行了较大规模的先导性矿场试验，取得了在水驱基础上提高石油采收率20%（OOIP）以上的效果。

第二节 油藏数值模拟在化学驱中的作用

一、化学驱数值模拟简介

油气藏的存在及运动形式复杂，多种提高采收率技术的应用使油藏流体的渗流更加复杂，因此认识油藏及其中流体的流动规律困难。油藏数值模拟技术始于20世纪50年代，可以认识油藏并预测油藏动态。由于计算机、油藏工程等学科的不断发展，油藏数值模拟技术也迅速发展，20世纪70年代末油藏数值模拟研究开始转向三次采油数值模拟。目前，黑油模型已相对成熟，而化学驱由于驱油机理复杂，数值模拟中涉及的物理化学参数较多，且多数难以测定，化学驱模型成熟性和可靠性较差。

随着化学驱技术在国内外推广应用，目前数值模拟软件技术越来越难以满足化学驱技术的快速发展，因此化学驱数值模拟作为联系实验研究和矿场试验的纽带，开始快速发展，它以化学驱驱油机理及物理化学现象的合理描述为基础，实现对化学驱驱油过程相对准确的模拟及预测，从而降低投资风险，提高化学驱经济效益。

二、数值模拟方法对化学驱油的作用

化学驱是我国主要的三次采油技术之一，在一定条件下能够有效提高采收率，但其矿场应用受限，一是各种化学剂价格昂贵，化学驱矿场应用投资大；二是化学驱技术复杂，进行化学驱矿场试验风险大，而化学驱实验不能很好地反映矿场的实际生产状况，因此更加需要油藏数值模拟技术给予辅助。

化学驱数值模拟技术可以在化学驱油藏管理中发挥至关重要的作用。在化学驱方案现场实施之前，利用数值模拟技术进行化学驱方案优选、效果预测，将为驱油方案的可行性论证和经济评价提供可靠的理论依据；对实施中的方案利用数值模拟方法进行动态跟踪拟合，可以科学地确定综合调整方案，从而使化学驱全过程在合理有效的范围内运行，确保化学驱油取得最佳的提高采收率效果。

第三节 化学驱数值模拟技术现状和发展趋势

一、数值模拟商用软件发展现状

目前化学驱数值模拟软件主要分为两类：（1）通过考虑部分化学驱机理，改进黑油模

型而研发的化学驱模拟器，如 ECLIPSE 中的强化采油选项、VIP 等；（2）基于化学驱机理和特征而研发的化学驱模拟器，如 UTCHEM。笔者依据软件的功能和应用范围，将现有化学驱软件分为两类：综合型软件化学驱模块和单一化学驱软件。

油藏数值模拟技术最早出现于 1953 年，Bruce 用数值模拟方法研究了非稳态气体渗流。受计算机能力的限制，最初的油藏数值模拟只能求解一维、单相的问题，而且计算时间长，稳定性差。此后的数十年里，油藏数值模拟在物理模型、网格划分、数值格式、矩阵求解方面得到了迅速发展。20 世纪 60 年代，油藏数值模拟技术开始应用于化学驱领域，Zeito 首先提出三维聚合物驱数学模型，模型考虑了油、聚合物溶液两相流动，采用交替隐式方法进行求解。从 20 世纪 70 年代末到 80 年代，强化采油模拟成为油藏数值模拟研究的重点方向，其中化学驱数值模拟的代表性成果为美国得克萨斯大学奥斯汀分校的 UTCHEM 软件。

UTCHEM 是一个三维多相的组分模拟软件，该软件考虑了多种组分，包括水、电解质（阴阳离子）、化学剂（如聚合物、表面活性剂、示踪剂）等。Pope 研制了 UTCHEM 的第一个版本，Datta 开发了三维版本，Pashapour 开发了并行版本。而后 Saad 又做了一些研究，使 UTCHEM 在效率和功能上有所提高。UTCHEM 软件的特点是考虑化学驱物化机理比较丰富，模型较为复杂，适用于机理研究、岩心驱替实验模拟。然而 UTCHEM 物化机理计算过于复杂，而且由于受计算能力限制，UTCHEM 采用的是类似 IMPES 方法求解，计算收敛性较差，在大规模油藏复杂化学驱模拟中，计算时间步长很小，计算速度过慢。

与 UTCHEM 类似的化学驱模拟专用软件还有美国 GRAND 公司的 CLEANS 软件，这类软件特点是对化学驱机理描述较严格，但矿场应用能力较弱。另一类化学驱模拟软件是一些大型商业油藏数值模拟软件，其中包含化学驱模拟模块，以 ECLIPSE、CMG-STARS 和 VIP 为代表。这些软件通常基于改进的黑油模型，对物化机理描述相对简单。其优点是操作简便，计算速度快，前后处理先进，具有很强的矿场应用能力。这类软件的缺点是对化学驱物化现象描述过于简单，不能很好地反映化学驱驱油机理。ECLIPSE 是斯伦贝谢公司开发的大型商业油藏数值模拟软件。ECLIPSE 软件集成聚合物驱、表面活性剂驱等模块，其数学模型为两相五组分的改进黑油模型。表面活性剂驱物化模型没有考虑微乳液相行为，而是直接通过数据表插值得到界面张力，通过毛管数插值得到相对渗透率。

CMG-STARS 是加拿大 CMG 机构开发的强化采油数值模拟器，不仅可以模拟聚合物驱、表面活性剂驱、三元复合驱、泡沫驱等化学驱过程，还能模拟热采、蒸汽驱、火烧油层及微生物提高采收率等采油方法，软件功能较全，且前后处理先进，具有较强的矿场应用能力。

除以上提到的化学驱专用模拟软件和大型商业软件外，国外许多石油公司和研究机构也研发了自己的化学驱模拟器，如美国科学软件公司 SSI 的油藏管理系统、得克萨斯大学奥斯汀分校新一代的 GPAS 强化采油模拟软件、法国地球物理总公司数值模拟软件、法国石油研究院的 SCORE 等。

二、化学驱数值模拟技术存在的问题

虽然经过了数十年的发展，化学驱油藏数值模拟技术逐渐成熟，但是化学驱数值模拟在实际油藏中的应用还存在许多待解决的问题：

（1）引进软件对驱油机理、主要物化现象还未完全认识清楚。现有化学驱模型中一些物化现象描述不能准确反映化学驱驱油机理。

（2）化学驱组分多、物化参数计算复杂，在同样网格规模下数值求解计算量远大于常规水驱数值模拟，虽然有斯伦贝谢公司INTERSECT等软件提高了计算速度，但所考虑的化学驱参数还不够全面，目前计算速度依旧严重影响到化学驱数值模拟的矿场应用能力。

（3）商用软件考虑的化学驱油过程中对流、扩散、吸附、离子交换、相渗变化等物理化学性质不够全面；化学驱数学模型除渗流方程，还包括组分扩散方程、物理化学平衡关系式、化学反应动力学方程等。因此，化学驱数学模型需要考虑大量物理化学参数的影响，求解变量多、离散化及求解困难，开发强有力的化学驱模拟软件比黑油模型复杂得多。

（4）不同化学驱软件对某些物理化学参数作用机理的处理方法各不相同，致使计算结果出现差异。ECLIPSE、CMG和VIP考虑不可及孔隙体积对驱油效果的影响：在ECLIPSE中，不可及孔隙完全被水占据，不可及孔隙体积最终通过含水饱和度体现；在CMG中，不可及孔隙体积是由吸附作用导致的孔隙度减小；在VIP中，不可及孔隙体积系数的作用是通过聚合物溶液的质量分数体现的，对大庆油田存在一定的不适用性。

（5）综合型商业化软件更新较快，在设计综合软件平台及用户界面、图形显示质量、改进计算方法等方面进行研究，显著提高数值模拟工作效率，为使化学驱软件提升更高的层次，还需要在化学驱技术的基本理论和驱油机理等核心方面开展进一步研究，化学驱技术在大庆油田的应用及发展过程中不断涌现出许多新理论、新的化学剂，化学驱数值模拟技术未能达到有针对性的更新，无法满足油田实际需求。

（6）单一化学驱软件考虑的化学驱机理及物化现象较准确，但是当化学驱数学模型中组分数较多时，模拟计算需要大量时间，且模拟的稳定性较差，而且某些物理化学参数无法从实验室或现场试验获得，从而限制软件的矿场应用。

（7）输入参数的准备是油藏数值模拟中的重要工作，化学驱输入参数复杂繁多。目前化学驱油藏模拟中的输入参数主要来源于机理实验的结果。但考虑的参数往往做了取舍，有一定局限性，这也阻碍了化学驱数值模拟在油田现场的应用。

三、化学驱数值模拟技术发展趋势

我国化学驱技术成熟，处于世界领先水平，且我国油田实际对化学驱数值模拟软件有着极大需求，从而促进化学驱数值模拟技术的发展。化学驱模型对物理化学现象描述的准确程度是其能否真实模拟、反映实际驱油过程的关键，化学驱数值模拟软件的研发首先需要对化学驱驱油机理的准确描述；其次要考虑模型中各物理化学参数选取的难易，保证模拟的稳定性。

（1）对物理化学参数的考虑要从参数的定义出发，分析各参数对驱油效果的影响，使其能更准确描述化学驱油过程，避免造成由参数作用机理处理不合理而造成的计算误差；

（2）对于较复杂的化学驱模型，在保证化学驱机理描述较为正确的前提下，适当简化模型的物化现象描述过程，以减少存储量和计算时间，使模拟结果更加稳定；

（3）改进化学驱数学模型的求解方法，包括对压力方程、浓度方程、化学平衡反应方程等求解方法的优化，减少模拟时间，提高模拟速度；

（4）对于大规模、超大规模的化学驱问题，除应用大型计算机外，可以考虑运用微机机群进行并行计算。

经过60年的技术攻关，大庆油田自主研制的化学驱数值模拟软件已经具备完善的物化参数模型。化学驱流动机理全面考虑，如乳化现象、润湿性反转等，通过实验和理论研究，对相关物化现象建立了适当的数学模型，实现对化学驱过程更准确的模拟。已经建立色谱分离在内的聚合物驱地层损伤数学模型，对渗透率下降空间分布情况能准确描述。通过实验等手段进一步了解地层损伤机理，建立数学模型，更准确地反映聚合物驱、三元复合驱等化学驱对地层损伤的真实情况。虽然国产化学驱数值模拟软件在整体性能上弱于国外商业化软件，但是在化学驱机理描述和模拟功能上具备较大优势，具有巨大发展潜力。此外，油藏数值模拟软件的研制过程是在推广应用中不断改进的过程，化学驱数值模拟软件的开发应该根据三次采油油藏工程技术的发展要求，及时吸收国内外化学驱研究的先进理论及技术经验，并考虑其可操作性和矿场实用性，从而使油藏数值模拟技术适应我国油田开发事业的发展需要。

第二章　聚合物驱机理和数学模型

聚合物驱油技术在大庆油田的工业化推广应用，促进了聚合物驱油技术的快速发展，聚合物驱油技术已成为中国陆上油田开发的主导技术之一。聚合物驱油技术不论是规模上，还是年产油量和技术的系统完善配套上，已走在世界前列。

大庆油田聚合物驱随着规模的不断扩大，一些新的聚合物驱油技术得到了不断发展，对聚合物驱油机理认识也逐步加深。由于二类油层聚合物的推广应用，多种分子量分质分注聚合物技术已在实践中得到应用。在近年来提出的聚合物弹性可以提高微观驱油效率理论的支持下，高浓度聚合物驱技术也得到了应用。

第一节　聚合物溶液性质及流动特性

一、聚合物溶液性质

1. 聚合物溶液的高效增黏性

一般油藏驱油用聚合物为部分水解聚丙烯酰胺，是由聚丙烯酰胺与碱反应生成的，其结构式为：

$$-CH_2-CH-CH_2-CH- \\ \quad\quad\quad | \quad\quad\quad\quad | \\ \quad\quad\quad CONH_2 \quad\quad COO^-$$

部分水解聚丙烯酰胺是水溶性高分子化合物，黏均分子量通常达到 $1200×10^4$ 以上，单个分子的根均方旋转半径达到 150nm 以上，在水中分子链较伸展，加上分子之间存在的内摩擦和物理缠结作用，其溶液的流动阻力较大，表观黏度相对较高，将 1g 聚合物干粉加入 200mL 的去离子水中，充分溶解后，水溶液黏度能够提高几十至上百倍。图 2-1 为 3 种聚合物溶液黏浓关系曲线。通常聚合物溶液随着浓度的升高，溶液黏度增加；随着配制水矿化度的升高，溶液黏度降低；随着油藏温度的升高，溶液黏度下降；随着放置时间的延长，溶液黏度降低。

2. 聚合物溶液的黏弹性

部分水解聚丙烯酰胺溶液在流动过程中表现出的性质介于理想黏性体和理想弹性体之间，因此部分水解聚丙烯酰胺溶液又被称为黏弹性流体，溶液在流动中除了发生永久形变外，还有部分弹性形变，这种弹性效应使得剪切流动时的法向应力分量不像牛顿流体那样彼此相等，可以用法向应力差来评价弹性效应。聚合物溶液的黏弹性与聚合物分子量、溶液浓度、配制水矿化度等有关，在矿化度和温度等一定时，聚合物分子量越大、浓度越高，聚合物溶液黏度越大，其黏弹性也越大，一般情况下聚合物溶液的黏度越大，弹性也越大，驱油效果越好，对于相同浓度、相同体系黏度的不同聚合物，通常黏弹性较强的聚合物其驱油效果较好。图2-2为不同浓度聚合物溶液黏弹曲线。

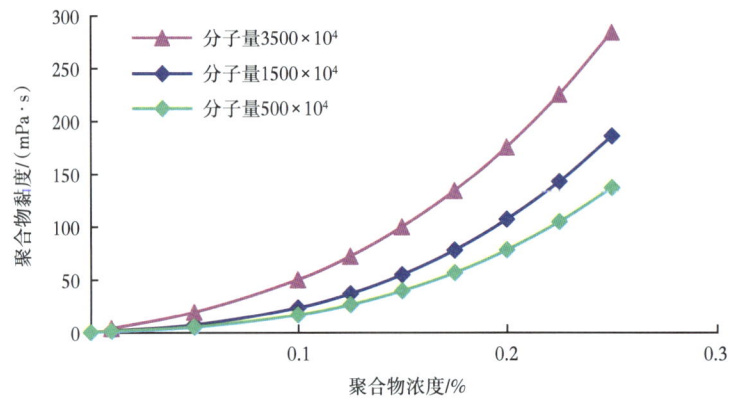

图2-1　聚合物溶液黏浓关系曲线

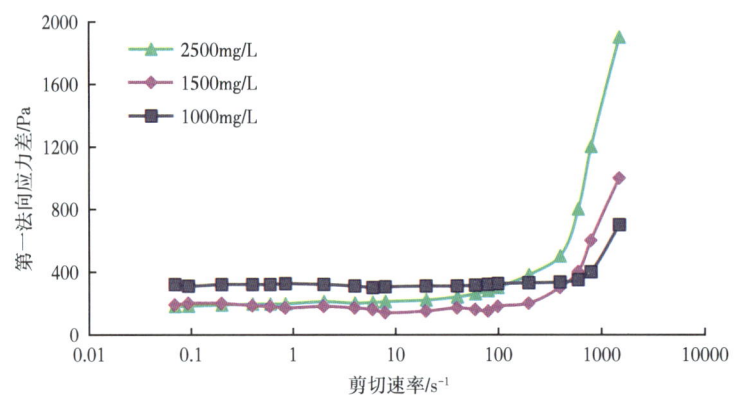

图2-2　不同浓度聚合物溶液黏弹曲线

3. 聚合物溶液的流变性

聚合物溶液为黏弹性非牛顿流体，具有剪切变稀等特性，聚合物溶液的黏度随剪切速率增大而降低，但在剪切速率非常低和非常高的极限情况下黏度是常数，这两种极端情况被称为第一牛顿区和第二牛顿区。聚合物溶液的流变性受溶液的浓度、配制水的矿化度、温度及聚合物的分子量影响，室内研究一般采用标准盐水或现场水配制聚合物溶液，用流变仪测定各聚合物溶液的流变曲线，评价聚合物溶液黏度随剪切速率的变化情况（图2-3）。

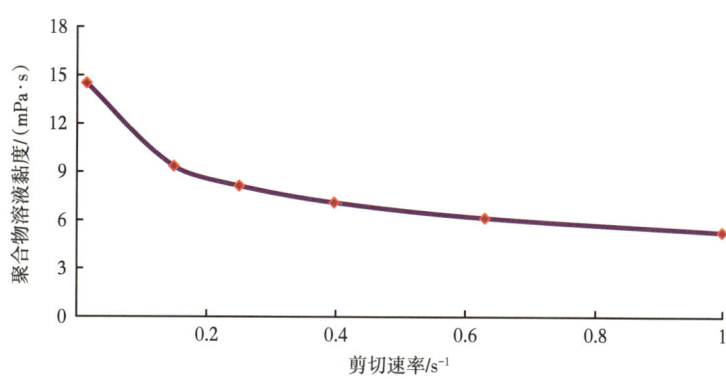

图 2-3　剪切速率与聚合物溶液黏度关系曲线

二、聚合物在多孔介质中的流动特性

1. 聚合物在多孔介质中的滞留

在聚合物驱油过程中，由于聚合物分子与孔隙介质之间存在着相互作用，使得部分聚合物分子留在多孔介质的孔隙中和表面上，使注入水中聚合物分子数目减少，降低了驱油聚合物溶液的黏度，这是滞留不利的一面；聚合物在孔隙中的滞留作用可使油层岩石渗透率降低，有助于降低水相渗透率，降低水的流度，这是滞留有利的一面。但从总的效果来看，聚合物的滞留作用会使驱油效果变差。

聚合物在多孔介质中的滞留是指聚合物分子从水相逃逸出来并黏附在多孔介质的表面，或阻塞在孔喉处，使溶液中聚合物浓度降低的现象。根据滞留机理可分为聚合物吸附、机械捕集和水动力学滞留三类。聚合物在多孔介质中滞留量的大小取决于多孔介质的性质（即结构）、聚合物本身的性质以及地层水性质。

聚合物的滞留量是聚合物驱过程设计的重要依据和油藏数值模拟的基础输入参数，滞留量太大，聚合物损失量太多，降低了注入水的增黏能力，同时延迟聚合物和富油带的推进速度，适当的滞留量可以改善注入流体的水动力学场，达到分流作用，因此准确测定聚合物滞留量是十分重要的。

1）聚合物吸附

静态吸附是指当聚合物溶液与岩石颗粒长期接触达到吸附平衡后，单位岩石颗粒表面积或单位岩石颗粒质量所吸附聚合物的质量。聚合物在岩石表面上的吸附造成了聚合物的损失，同时降低了溶液中聚合物的浓度，降低了聚合物溶液的黏度，降低了聚合物对流度的控制能力。但是，适当的吸附有利于降低油藏岩石渗透率。

聚合物在岩石表面上的吸附量大小取决于许多因素。聚合物的类型、分子量、水解度、溶剂的盐度、离子硬度、岩石颗粒的成分和表面性质及环境温度等因素均会影响静态吸附量的大小。

2）聚合物机械捕集

机械捕集作用是聚合物滞留在狭窄的流动孔隙所致，与水动力学滞留是相互影响的，这种现象只有在溶液流经多孔介质时才能发生。在网状微孔隙中，有一部分是细窄的喉道。因此当聚合物溶液流经这种复杂的网状介质时，分子要占据大量的孔道，某些较大尺寸的分子被捕集在狭窄喉道处，于是发生堵塞效应，流动作用减弱，进而可能在堵塞处捕集更多的分子（包括部分较小尺寸的分子）。

3）聚合物水动力学滞留

水动力学滞留是指由于流动方向或流速改变而引起的滞留，当机械捕集促使一些小孔隙或颗粒夹角处被大分子堵住，迫使流线方向改变，在局部位置进一步滞留聚合物大分子，流速增加也可使聚合物大分子进一步滞留。

吸附是聚合物—岩石表面—溶剂体系最基本的特征，不可避免。因此，对于某个给定的聚合物驱来说，吸附应当是进行研究的最重要的机理。机械捕集滞留应看成是过滤作用所致，应尽量避免。通常水动力学滞留作用很小，在大多数实际应用时可忽略不计。

2. 不可及孔隙体积

聚合物流经多孔介质时，并不是所有聚合物都全部能够进入多孔介质的孔隙及喉道，只有一部分尺寸较大的孔隙，聚合物才能进入，即这部分孔隙相对于注入的聚合物来说是可以进入的，而剩余部分孔隙相对于注入聚合物分子来说是不可进入的，即"不可及"。因此，不可及孔隙体积的定义是聚合物分子不能进入的那部分孔隙体积所占岩石总的孔隙体积的百分数。

如果聚合物在岩心中仅存在不可及孔隙体积效应，那么在相同的注入环境中聚合物分子通过岩石的流速要比水的流速快。

如果聚合物分子在岩石中同时存在吸附、滞留和不可及孔隙体积，那么聚合物分子比水的流速大还是小呢？它取决于吸附、滞留和不可及孔隙体积各自的贡献大小。由于存在吸附、滞留，部分聚合物分子会损失在岩石中，如果在岩石中因吸附、滞留而损失的聚合物分子数目大于因不可及孔隙体积效应提前产出的聚合物分子数目，那么聚合物分子的流速小于水的流速；反之，就会大于水的流速；如果二者正好相等，则聚合物分子的流速与水流速相同。

聚合物不可及孔隙体积大小主要取决于聚合物分子量及其分布，岩石渗透率大小和孔隙大小及其分布。当岩石渗透率较大时，聚合物分子量较低时，聚合物分子可以通过绝大多数孔隙，这样聚合物分子的不可及孔隙体积就比较小；而当岩石渗透率较小，聚合物分子量较大时，只有少数可允许聚合物分子通过，这样聚合物的不可及孔隙体积相对较大。

3. 阻力系数和残余阻力系数

阻力系数和残余阻力系数是描述聚合物溶液流度控制和降低渗透能力的重要指标。阻力系数 R_F 是指聚合物降低流度比的能力，它是水的流度与聚合物溶液的流度的比值：

$$R_F = \frac{\lambda_w}{\lambda_p} = \left(\frac{K_w}{\mu_w}\right) \Big/ \left(\frac{K_p}{\mu_p}\right) \qquad (2\text{-}1)$$

残余阻力系数 R_K 描述聚合物降低渗透率的能力，它是聚合物驱前后岩石的水相渗透率的比值，即渗透率下降系数：

$$R_K = \frac{K_{wb}}{K_{wa}} \quad (2-2)$$

由于 $K_p = K_{wa}$，$K_w = K_{wb}$，所以：

$$R_F = \frac{\mu_p}{\mu_w} R_K \quad (2-3)$$

式中　K_w，K_p——水相、聚合物溶液渗透率；

　　　K_{wb}，K_{wa}——注聚合物前、后的水相渗透率；

　　　μ_w，μ_p——水相、聚合物溶液工作黏度。

注入地层中的聚合物在岩石表面吸附和在孔隙中的机械捕集，即聚合物在多孔介质中滞留而使其渗透率降低，滞留量越大，R_K 越大。吸附量随聚合物溶液浓度的增加而增加，并逐渐趋于稳定；捕集量一般随聚合物溶液浓度的变化不大，但聚合物溶液浓度高，高分子间的物理交联点增多，相互缠绕的机会增多，从而可能使捕集量略有增加。所以，随着聚合物溶液浓度的增加，R_K 逐渐增大并趋于稳定（图2-4）。

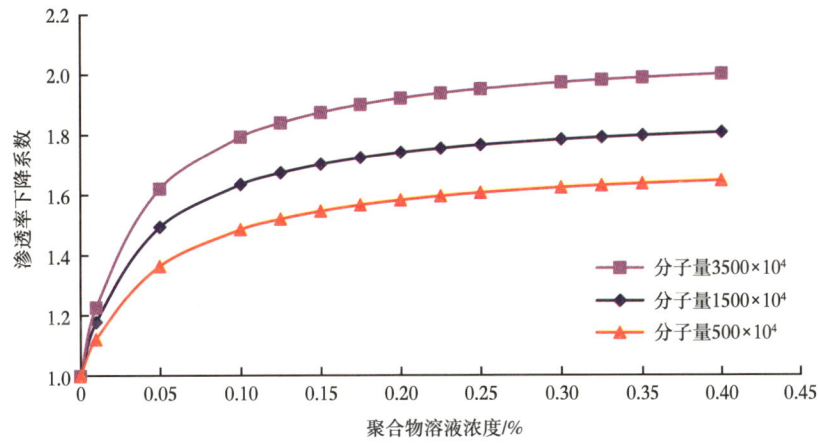

图2-4　不同分子量聚合物溶液浓度与渗透率下降系数关系曲线

由式（2-3）以及 μ_p、R_K 随聚合物溶液浓度的增加而增加的特性，很容易理解，随着聚合物溶液浓度的增加，其阻力系数也增加，因为随着聚合物溶液浓度的增加，其黏度也增加，它控制水油流度比的能力也增强，故 R_F 增加。

第二节　聚合物溶液黏性驱油机理和数学模型

向注入水中添加高分子聚合物，可以增加驱替液黏度，聚合物溶液的黏性驱油机理有以下两个方面：一是聚合物增加了驱替相水相的黏度，改善水驱时不利的水油流度比，抑制了水相的黏性指进，提高宏观波及效率；二是调整吸水剖面，增加油层动用厚度，扩大了油层纵向波及体积。

在实验室聚合物理化性能指标分析测试结果的基础上，建立了聚合物溶液黏性驱油机理数学模型，实现聚合物黏性驱油机理模拟功能。

一、聚合物黏性驱油机理

1. 聚合物溶液的流度控制作用

在常规水驱条件下，由于注入水的黏度往往低于原油黏度，驱油过程中水、油流度比不合理，导致采出液含水率上升很快，过早地达到采油经济所允许的极限含水率的结果，使得实际获得的驱油效率远远小于极限驱油效率。聚合驱油条件下，溶液黏度较大，驱油过程中的驱替剂与原油流度比大大改善，抑制了黏性指进和采出液含水率上升速度，延缓了经济极限含水率，使实际驱油效率更接近极限驱油效率。

由于聚合物溶液的流度控制作用是聚合物驱油的重要机理之一，为便于加深理解，现在进一步从理论上来讨论这一问题。在水驱油条件下，水突破油层后采出液中水的分流量为：

$$f_w = \frac{\lambda_w}{\lambda_w + \lambda_o} = \frac{\frac{KK_{rw}}{\mu_w}}{\frac{KK_{rw}}{\mu_w} + \frac{KK_{ro}}{\mu_o}} = \frac{1}{1 + \frac{\mu_w}{\mu_o} \cdot \frac{K_{ro}}{K_{rw}}} \quad (2-4)$$

式中　　f_w——采出液含水率；

　　　　λ_o——原油流度，mD/(mPa·s)；

　　　　λ_w——驱替液流度，mD/(mPa·s)；

　　　　K——岩石绝对渗透率，mD；

　　　　K_{rw}——驱替液相对渗透率；

　　　　K_{ro}——原油相对渗透率；

　　　　μ_w——驱替液黏度，mPa·s；

　　　　μ_o——原油黏度，mPa·s。

由于驱替液水和原油的相对渗透率 K_{rw} 和 K_{ro} 是含水饱和度的函数，K_{rw} 随含水饱和度增加而增加，K_{ro} 则随含水饱和度增加而降低。在向油层注水开发过程中，含水饱和度始终是增加的，比值 K_{rw}/K_{ro} 随注入时间的延续始终是增大的，最终趋于无限大，采出液含水率始终是增加的，最终趋于100%（图2-5）。

从式（2-4）中可以看出，驱替液水和原油的黏度比 μ_w/μ_o 的大小是控制采出液中含水率上升速度的重要参数。当驱替液水和原油黏度比很小时，采出液中含水率上升速度快，也就是说，在油层中含水饱和度并不是很高的情况下，就不得不因采出液中含水率已达到经济极限含水而终止开采，因而实际获得的驱油效率远未达到油层的极限驱油效率。相反，在驱替液水和原油黏度比很大时，采出液中含水率上升速度将大大减缓，当它达到经济极限含水率时，油层中的含水饱和度可能已经很高，因而获得的实际驱油效率高。

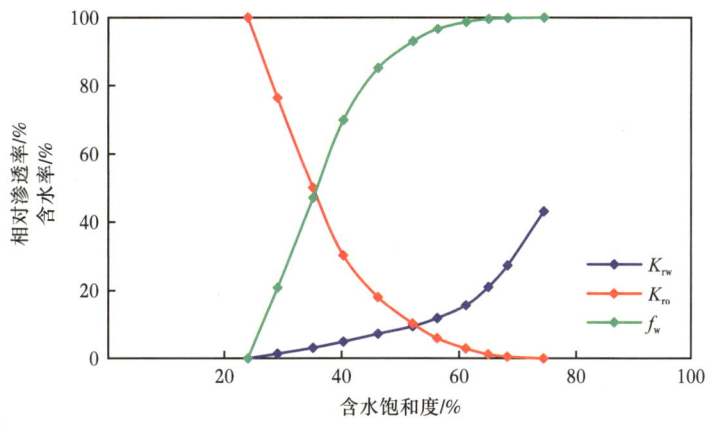

图 2-5　含水率与相对渗透率关系曲线

例如，油层原始含油饱和度为 0.8，束缚水饱和度为 0.2 的均质油层，残余油饱和度为 0.3，可知其极限驱油效率为 62.5%。假若平均含水饱和度为 0.52 时开始见水，并且油、水两相相对渗透率可分别按下式给出：

$$K_{rw} = 1.6(S_w - 0.2)^2 \quad (2\text{-}5)$$

$$K_{ro} = 0.8 - 1.132(0.8 - S_o)^{0.5} \quad (2\text{-}6)$$

式中　S_w——含水饱和度；
　　　S_o——含油饱和度。

那么，我们可以在平均含水饱和度为 0.52~0.7 之间对含水饱和度任意给值，用相对渗透率公式求解指定含水饱和度下的相对渗透率，进而求解在原油和驱替液黏度比分别为 15 和 1 两种假定条件下的含水率 f_w，结果见表 2-1。

表 2-1　不同油水黏度比时含水率随含水饱和度的变化关系

S_w	0.52	0.55	0.58	0.60	0.62	0.65	0.68	0.7
K_{rw}	0.164	0.196	0.231	0.256	0.282	0.324	0.369	0.4
K_{ro}	0.160	0.130	0.100	0.084	0.066	0.041	0.016	0
$(\mu_w/\mu_o=1/15)\ f_w$	0.939	0.958	0.972	0.979	0.985	0.992	0.997	1
$(\mu_o/\mu_w=1)\ f_w$	0.506	0.601	0.698	0.753	0.810	0.888	0.958	1

图 2-6 给出了按表 2-1 计算结果绘制的不同水油黏度比时，采出液中含水率随油层平均含水饱和度的变化关系曲线。图中虚线为假定的经济极限含水率（98%）。可以看出，在

水油黏度比为 1/15 的条件下，油层刚见水，含水率就已达到 93.9%；而含水率达到经济极限含水率 98% 时，油层平均含水饱和度也只上升至大约 0.6，实际获得的驱油效率只有 50%，较该油层的极限驱油效率低 12.5%。而在水油黏度比为 1 的条件下，油层见水时的含水率只有 50%，当油层含水饱和度为 0.6 时，含水率也只有大约 75%，达到经济极限含水率 98% 时，油层平均含水饱和度已上升至 0.69，实际驱油效率达 61%，比极限驱油效率只低 1.5%，而比油水黏度比为 15 时的实际驱油效率却高出 11%。

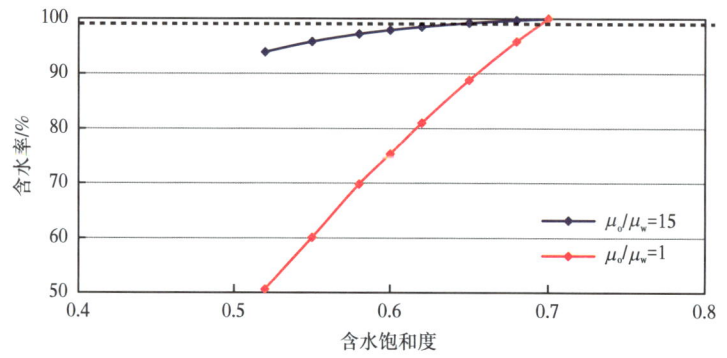

图 2-6　不同油、水黏度比时采出液含水率随水饱和度变化关系曲线

2. 聚合物溶液的调剖作用

水驱油条件下，注入水沿不同渗透率层段推进不均匀，高渗透率层段注入水推进快，低渗透率层段注入水推进慢。由于水的黏度往往低于原油的黏度，水与油流度比较大，加剧了注入水沿不同渗透率层段推进的不均匀现象，致使高渗透率层段注入水推进速度加快，低渗透率层段注入水推进速度减慢。甚至在很多情况下高渗透率层段早已出现注入水突破，而低渗透率层段注入水推进距离仍然很小，导致低渗透率层段原油不能得到有效开采。

在注入聚合物的情况下，由于注入水的黏度增加，油、水黏度比得到了改善，不同渗透率层段间水线推进的不均匀程度缩小。因此，向油层中注入高黏度的聚合物溶液时，可以加大高渗透率层段水突破时低渗透率层段的水线推进距离，调整吸水剖面，如图 2-7 所示，

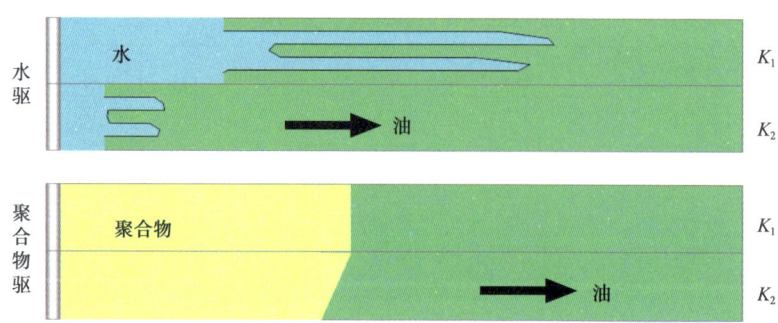

图 2-7　渗透率级差对垂向波及系数的影响

由于 $K_1 > K_2$，水驱时，注入水沿 K_1 层舌进，当注入水从 K_1 层到达生产井后，K_2 层还留有大量的原油未被波及。但是当注聚合物后，聚合物段塞首先进入高渗透的 K_1 层，由于黏度增加以及吸附/滞留，导致 K_1 层中流动阻力增大，迫使后续注入水进入 K_2 层，从而启动低渗透率层位，提高垂向波及效率。扩大油层的水淹体积，提高油层的采收率。

现在进一步从理论上来讨论这一问题，假设油藏中有渗透率分别为 K_1 和 K_2 的两个层段，并且 $K_1/K_2=5$。初始含油饱和度为 0.8，束缚水饱和度为 0.2，每一层段中水突破时油层平均含水饱和度为 0.52。原油和驱替液相对渗透率仍按前面给出的公式[式（2-5）和式（2-6）]。

那么在不考虑重力影响的前提下，可以给出高渗透率层段水突破前任一阶段两层段间吸水量之比：

$$\frac{q_1}{q_2} = \frac{\lambda_1}{\lambda_2} = \frac{\dfrac{K_1 K_{rw1}}{\mu_w} + \dfrac{K_1 K_{ro1}}{\mu_o}}{\dfrac{K_2 K_{rw2}}{\mu_w} + \dfrac{K_2 K_{ro2}}{\mu_o}} = \frac{K_1}{K_2} \cdot \frac{\dfrac{\mu_o}{\mu_w} \cdot K_{rw1} + K_{ro1}}{\dfrac{\mu_o}{\mu_w} \cdot K_{rw2} + K_{ro2}} \tag{2-7}$$

式中　q_1——层段 1 瞬时吸水量，m^3/d；

　　　q_2——层段 2 瞬时吸水量，m^3/d；

　　　λ_1——层段 1 瞬时流度，$mD/(mPa·s)$；

　　　λ_2——层段 2 瞬时流度，$mD/(mPa·s)$；

　　　K_{rw1}——层段 1 瞬时驱替液相对渗透率；

　　　K_{rw2}——层段 2 瞬时驱替液相对渗透率；

　　　K_{ro1}——层段 1 瞬时原油相对渗透率；

　　　K_{ro2}——层段 2 瞬时原油相对渗透率；

　　　μ_w——驱替液黏度，$mPa·s$；

　　　μ_o——原油黏度，$mPa·s$。

根据水驱时的相对渗透率曲线及油水黏度可以计算出不同含水饱和度两个层段的吸水量比值。

表 2-2 给出了典型相对渗透率曲线的计算结果，其中水驱时的油水黏度比为 15，聚合物驱时的油水黏度比为 1，从计算结果可以看出，水驱突破时（含水饱和度 0.52），高渗透率层段的吸水量是低渗透率层段的 21.58 倍，聚合物驱突破时（含水饱和度 0.52），高渗透率层段的吸水量仅是低渗透率层段的 3.42 倍。

表 2-2　高低渗透层吸水量比随高渗透层含水饱和度的变化

含水饱和度	0.2	0.3	0.35	0.40	0.45	0.52
水驱 q_1/q_2	5.0	5.22	7.29	10.13	14.33	21.58
聚合物驱 q_1/q_2	5.0	3.57	3.29	3.25	3.28	3.42

在现场的实践过程中,聚合物驱的调剖作用得到了充分证实(图 2-8)。

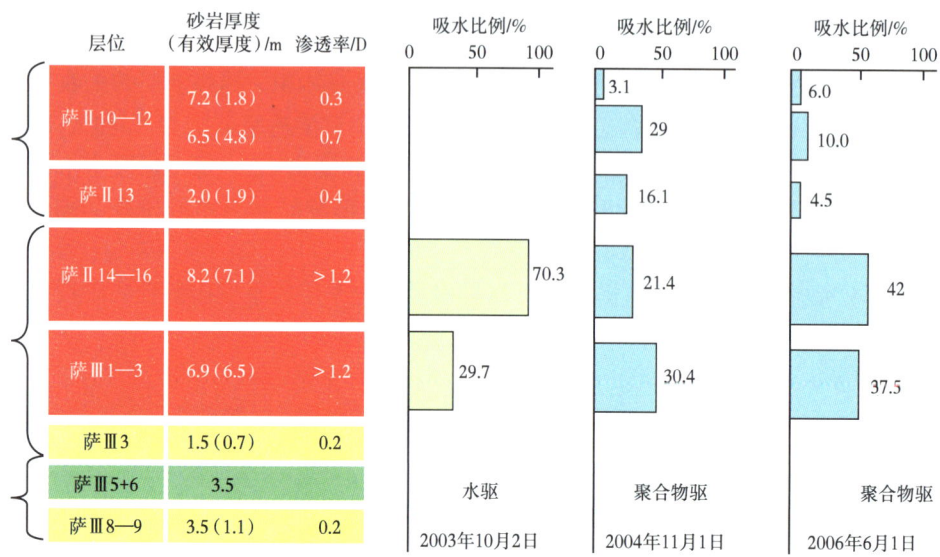

图 2-8　北 1-丁 3-P24 井吸水剖面示意图

图 2-8 是大庆油田聚合物驱工业化应用区块中一口典型聚合物注入井的剖面随时间的变化情况,从图中可以看出,聚合物驱增加了目的层上部原来水驱未动用部分的油层厚度,同时原来水驱主要吸水层的相对吸水量也从 70% 降低到 30%。

二、数学模型描述

聚合物溶液的高黏度能够改善油水相间的流度比,控制水相的突进,进而实现扩大波及体积、提高原油采收率的目的。模型对聚合物的驱油机理分以下几个方面进行描述。

1. 聚合物溶液黏度

在零剪切速率下,聚合物溶液的黏度 μ_p^0 是聚合物浓度和含盐量的函数,表示为:

$$\mu_p^0 = \mu_w \left[1 + \left(A_{p1} C_p + A_{p2} C_p^2 + A_{p3} C_p^3 \right) C_{\text{SEP}}^{S_p} \right] \quad (2-8)$$

式中　C_p——溶液中聚合物的浓度;

　　　A_{p1},A_{p2},A_{p3}——由实验资料确定的常数;

　　　C_{SEP}——含盐浓度;

　　　S_p——聚合物黏度对含盐量的敏感参数。

2. 聚合物溶液流变特征

高分子聚合物溶液黏度的变化依赖于剪切速率的变化,聚合物溶液的黏度 μ_p 与剪切速率的函数关系为:

$$\mu_p = \mu_w + \frac{\mu_p^0 - \mu_w}{1 + (\gamma/\gamma_{\text{ref}})^{p_\alpha - 1}} \quad (2-9)$$

式中　μ_w——水的黏度；
　　　γ_{ref}——参考剪切速率；
　　　p_α——由实验数据确定的流变参数；
　　　μ_p^0——聚合物溶液在多孔介质中流动的视黏度；
　　　γ——流体在多孔介质中的等效剪切速率。

利用 Blake-Kozeny 方程表示水相的等效剪切速率 γ：

$$\gamma = \frac{\gamma_c |u_w|}{\sqrt{\overline{K} K_{rw} \phi\, S_w}} \tag{2-10}$$

式中　γ_c——$3.97C$，s^{-1}；
　　　C——剪切速率系数；
　　　K_{rw}——水相相对渗透率。

平均渗透率 $\overline{K}$ 用下式计算：

$$\overline{K} = \left[\frac{1}{K_x}\left(\frac{u_{xw}}{u_w}\right)^2 + \frac{1}{K_y}\left(\frac{u_{yw}}{u_w}\right)^2 + \frac{1}{K_z}\left(\frac{u_{zw}}{u_w}\right)^2 \right]^{-1} \tag{2-11}$$

式中　u_w——水相流速；
　　　u_{xw}，u_{yw}，u_{zw}——三个方向水相流动速度；
　　　K_x，K_y，K_z——油层三个方向的渗透率。

3. 渗透率下降系数和残余阻力系数

由于聚合物在油层中的吸附和捕集，必引起水相渗流阻力的增加，一般应用渗透率下降系数 R_K 描述这一现象：

$$R_K = 1 + \frac{(R_{KMAX}-1) b_{rk} C_p}{1 + b_{rk} C_p} \tag{2-12}$$

$$R_{KMAX} = \left\{ 1 - \left[c_{rk} \tilde{\mu}^{\frac{1}{3}} \bigg/ \left(\frac{\sqrt{K_x K_y}}{\phi} \right)^{\frac{1}{2}} \right] \right\}^{-4} \tag{2-13}$$

式中　b_{rk}，c_{rk}——反映某种聚合物降低渗透率能力的参数。

4. 不可及孔隙体积

室内研究表明，在相同的条件下，聚合物溶液比盐水的渗流速度快，这是由于高分子量的聚合物不能进入小孔隙的缘故，聚合物分子不能进入的这部分孔隙体积称为聚合物的不可及孔隙体积。用下式表示：

$$IPV = \frac{\phi - \phi_p}{\phi} \tag{2-14}$$

式中　IPV——聚合物溶液的不可及孔隙体积；

ϕ, ϕ_p——盐水测的孔隙度和聚合物溶液测的孔隙度。

5. 聚合物吸附

数学模型中使用 Langmuir 模型表达聚合物的吸附特性：

$$\hat{C}_p = \frac{aC_p}{1+bC_p} \tag{2-15}$$

式中　C_p——聚合物溶液的平衡浓度；

$\hat{C}_p$——聚合物溶液的吸附浓度；

a, b——反映某种聚合物吸附特性的参数。

第三节　聚合物溶液弹性驱油机理和数学模型

一、聚合物溶液弹性驱油机理

聚合物溶液在流动过程中表现出的性质介于理想黏性体和理想弹性体之间，被称为黏弹性流体，对于相同浓度、相同体系黏度的不同聚合物，通常黏弹性较强的聚合物其岩心驱油实验效果较好。

为了研究聚合物溶液的弹性对采收率的影响，进行了相同黏度的甘油驱油与聚合物驱油对比实验。表 2-3 是用几组渗透率相近的人造岩样进行的直接驱油实验结果。直接甘油驱时，采收率平均为 57.81%；直接聚合物驱时，采收率平均为 63.95%，比甘油驱提高 6.14%。而甘油驱后再用聚合物驱，还可提高采收率 5.32%。

表 2-3　人造岩样甘油和聚合物驱油对比实验结果

样品号	渗透率 /mD	孔隙度 /%	驱替方式	采收率 /%
1	700	20.7	直接聚合物驱	61.41
2	710	21.5	直接甘油驱	55.85
3	738	23.8	直接聚合物驱	65.48
4	824	23.9	直接甘油驱，甘油驱后聚合物驱	58.32，63.85
5	810	21.6	直接聚合物驱	64.96
6	798	21.7	直接甘油驱，甘油驱后聚合物驱	59.27，64.38

用水湿、中性、油湿微观模型进行的水驱+甘油驱+聚合物驱（甘油与聚合物溶液的黏度相同）的驱油实验结果也有类似结论（图 2-9），由于平面仿真模型，水驱时存在明显的指进现象，水驱后存在较多的成片残余油和驱替不到的死角，所以，水驱后用黏性甘油驱也能明显提高原油采收率，而甘油驱后再用聚合物驱，驱油效率能进一步提高，分别提高 7.0%，6.4% 和 5.9%，表明黏弹性聚合物溶液能够驱出黏性甘油水溶液驱后的部分残余

油,但驱替顺序若改为水驱＋聚合物驱＋甘油驱,则聚合物驱后的甘油驱不能进一步提高采收率(图2-10),微观驱油实验图片对比表明,聚合物驱能比甘油驱驱替更多的簇状残余油(图2-11),而且聚合物驱对甘油驱替不出来的细喉道中的残余油(图2-12)也有一定的驱替效果。

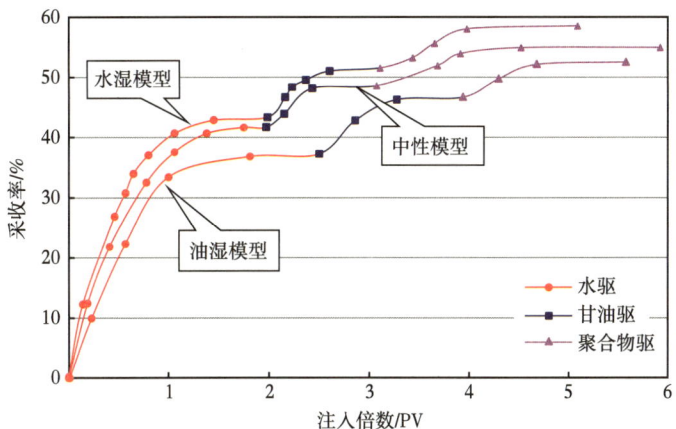

图2-9 水驱＋甘油驱＋聚合物驱采收率曲线图

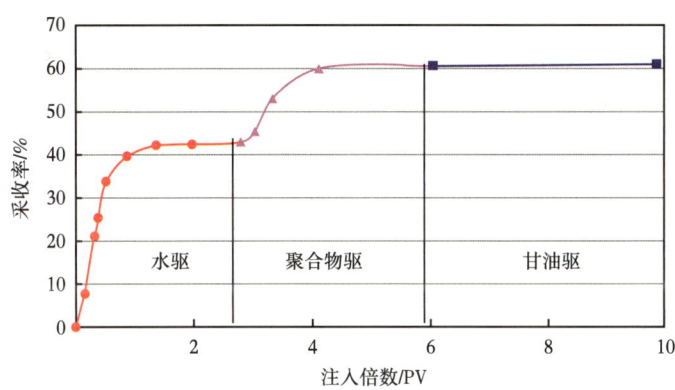

图2-10 水驱＋聚合物驱＋甘油驱(微观油湿模型)采收率曲线

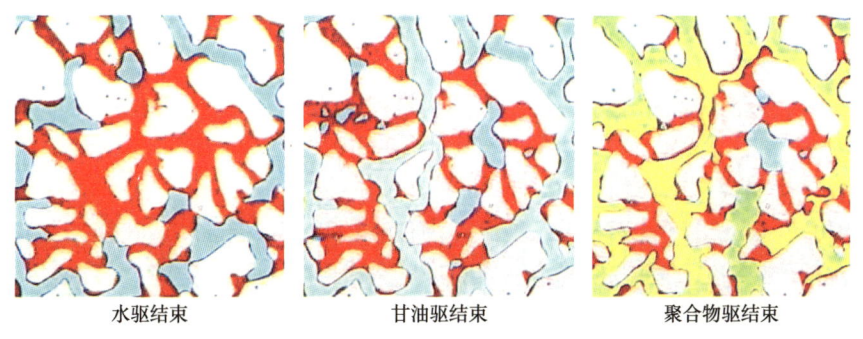

图2-11 水驱后的残余油被甘油和聚合物驱替后的图像对比

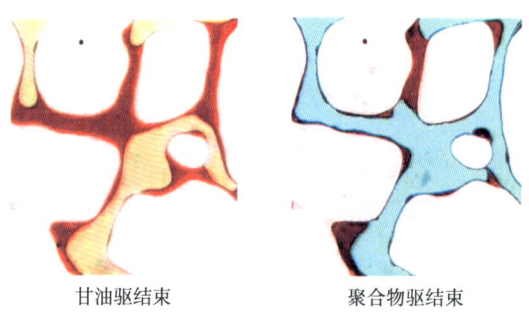

甘油驱结束　　　　　聚合物驱结束

图 2-12　聚合物驱替甘油驱后细喉道中的残余油

用大庆油田萨尔图、葡萄花油层的天然岩样和人造岩心，进行了油湿和水湿孔隙介质，0.57PV 相同黏度的聚合物驱油与甘油驱油对比实验，实验结果列于表 2-4，从表 2-4 中结果可以看出，对于室内岩心驱替实验，黏弹性聚合物驱可比水驱提高采收率 7.93%，而黏性甘油驱仅能比水驱提高采收率 3.03%，平均相差 4.09%，表中黏度相同的甘油驱与聚合物驱所产生的差别，反映了聚合物溶液的弹性作用。

表 2-4　甘油和聚合物驱油对比实验结果

岩心号	渗透率 / mD	驱替方式	润湿性	原始含油饱和度 / %	水驱采收率 / %	最终采收率 / %	采收率提高值 / %	备注
1	1457	水驱	油湿	71.2	59.26	67.38	8.12	天然岩心
2	1827	水驱 + 聚合物驱 + 水驱		63.7	58.89	67.54	8.65	
3	1308	水驱 + 聚合物驱 + 水驱		70.7	61.29	68.85	7.56	
4	1034	水驱 + 甘油驱 + 水驱		61.9	60.56	63.53	2.97	
5	1353	水驱 + 甘油驱 + 水驱		78.7	58.54	61.81	3.23	
6	768	水驱 + 聚合物驱 + 水驱	水湿	63.30	57.56	65.35	7.79	人造岩心
7	731	水驱 + 聚合物驱 + 水驱		66.00	57.00	64.55	7.55	
8	754	水驱 + 甘油驱 + 水驱		65.40	58.33	61.14	2.81	
9	722	水驱 + 甘油驱 + 水驱		64.80	57.22	60.34	3.12	

聚合物溶液弹性提高驱油效率的主要原因是弹性增加了驱替液在多孔介质中流动产生的微观力。

1. 驱替过程中存在微观力

岩心中的残余油可以分为五类：油滴、油柱、油膜、盲端油和簇状油。油滴一般存在于亲水的岩石孔隙中；油柱占据着亲油岩石中的一个孔道；油膜只占据亲油岩石中孔道的少部分通道；在孔隙盲端中的残余油为盲端油；无论是亲油还是亲水岩石中，占据多个孔道的剩余油是簇状油（图 2-13）。

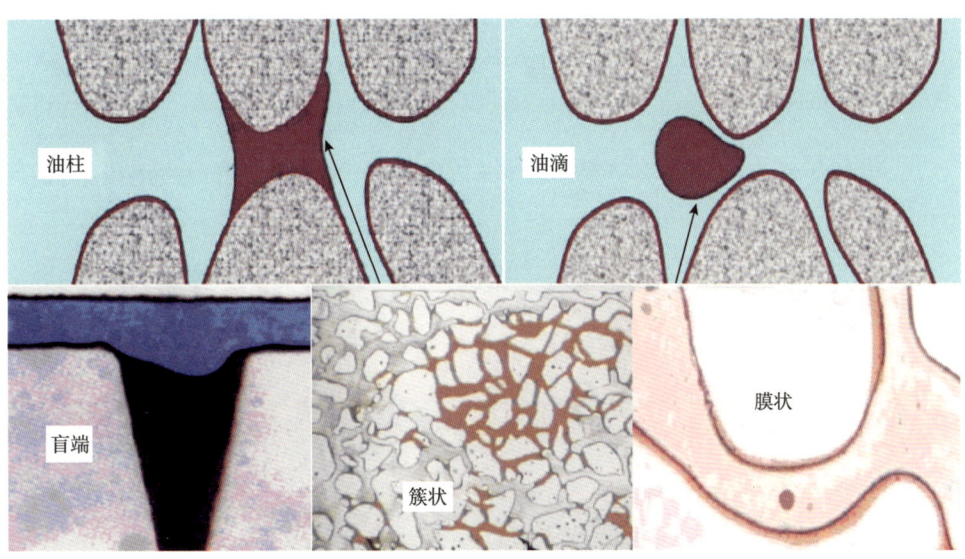

图 2-13　五种微观剩余油分布情况

在各种润湿性的多孔介质中，当流体流动时，永远有黏滞驱动力（$\mathrm{d}p/\mathrm{d}l = v\mu$）作用于各种类型的残余油上。为了抵消这个驱动力并使残余油静止不动，残余油的最前端部位（相对于驱动力的主方向）必须改变形状，形成一个具有较小直径的突起以便产生一个毛管力，其大小与其后面的驱动力相等而方向相反。上述现象存在于多孔介质中任何位置的各种类型残余油。

当残余油最前部位存在的这一个突出部位阻挡驱替液的流动时，流线在这些突出部位的改变最大。由于流线改变$(\Delta\vec{V})$所产生的微观力$(\Delta\vec{F} = \Delta\vec{V}\cdot m/t)$也在这些部位改变最大。所增加的微观力将作用在这些残余油的突出部位，会使突出部位变形或向前移动并与主残余油分离，产生一个新的向前运移的油滴。微观力$(\Delta\vec{F})$的方向与$\Delta\vec{V}$相反，大小与$\Delta\vec{V}$成正比。因此，$\Delta\vec{F}$在不同位置也会与$\Delta\vec{V}$相似发生随机变化，岩心中微观力的总和也几乎等于零。微观力大小的改变不会影响宏观压力梯度。

2. 微观力的存在可以降低残余油

在亲油和亲水多孔介质中，无论残余油是膜状、滴状，还是柱状，微观驱动力都将首先"推动"残余油的"斜坡"和"突出"部位的油。"斜坡"中的一部分油将被推到突出部位，使突出部位变形，变形的突出部位会使以后的驱替液流动方向和速度发生更大的变化，微观驱动力更容易进一步使突出部位变形，突出部位变得越来越大直至分离，如图 2-14 所示。

上述过程可以多次重复，直至残余油滴变得很小，作用在突出部位的微观驱动力不能从油滴的后面汇集足量的油以形成足够大直径的油滴，此时宏观和微观驱动力将和毛管滞留力相平衡，形成一个新的、比原来小的、不能再移动的残余油滴。

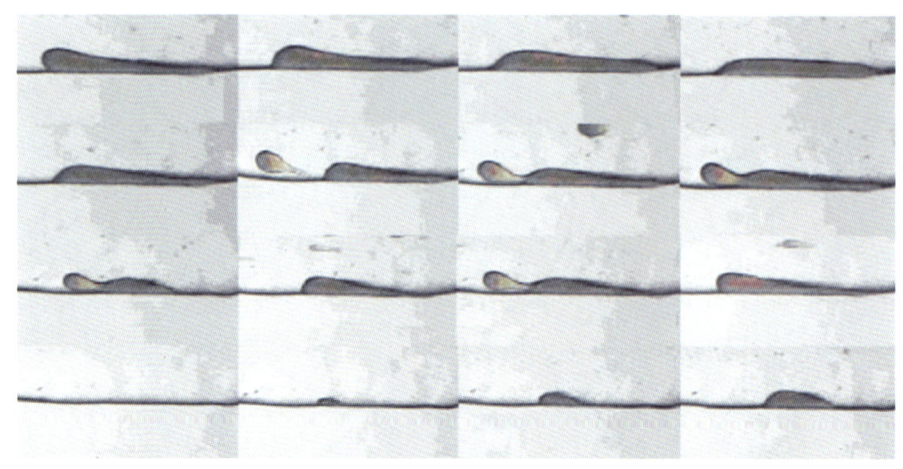

图 2-14　五种微观剩余油分布情况

3. 聚合物驱过程微观力大于水驱的微观力

大部分黏弹性流体都是一些大而长的聚合物分子的水溶液，这些分子在水溶液中可以互相缠绕。当一个分子向前运动时，它可以推动前面的流体，同时还可以携带侧面和后面的分子向前运动，如图 2-15 所示。

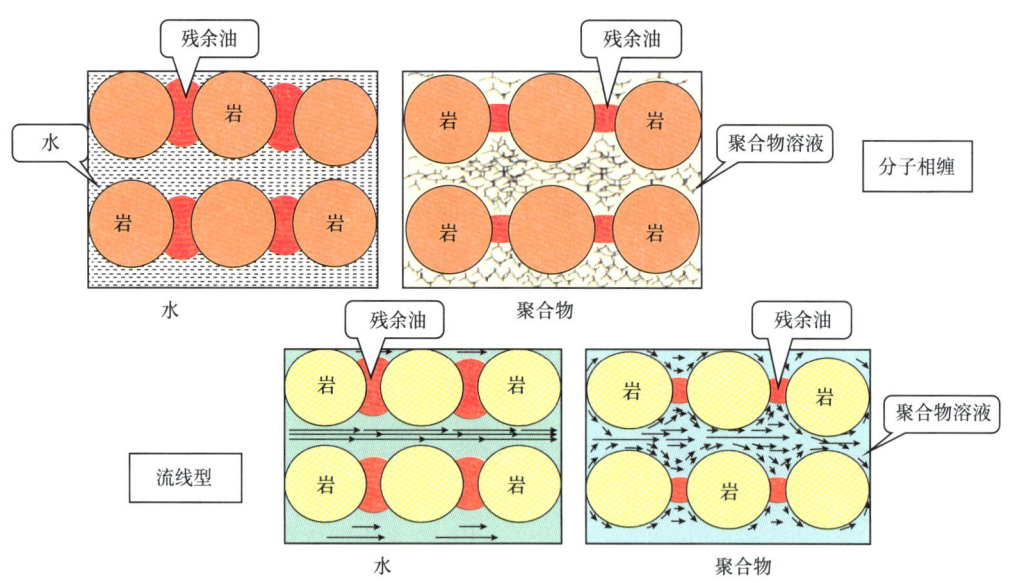

图 2-15　弹性流动的"可变活塞流"示意图

与非弹性流体相比，流动的聚合物更像一个"可变直径活塞"，它的流线会伸到不在主流线上的孔道边部位置。在宏观力保持不变条件下，不同流体所产生的流线和微观力可以改变。当聚合物驱时，即使压力梯度不变，这些微观力的方向和大小也会发生变化，作用在油滴突出部位微观力的改变，会使这些突出部位变形、重新改变油滴的形状并运移。由于"可变直径活塞"效应，黏弹性流体边缘的流速较高，因此黏弹性流体比牛顿流体的流线在这些部位所改变的程度要大，所产生的推动这些突出部位的微观力也大，这有利于残余油的移动并富集，如图 2-16 和图 2-17 所示。

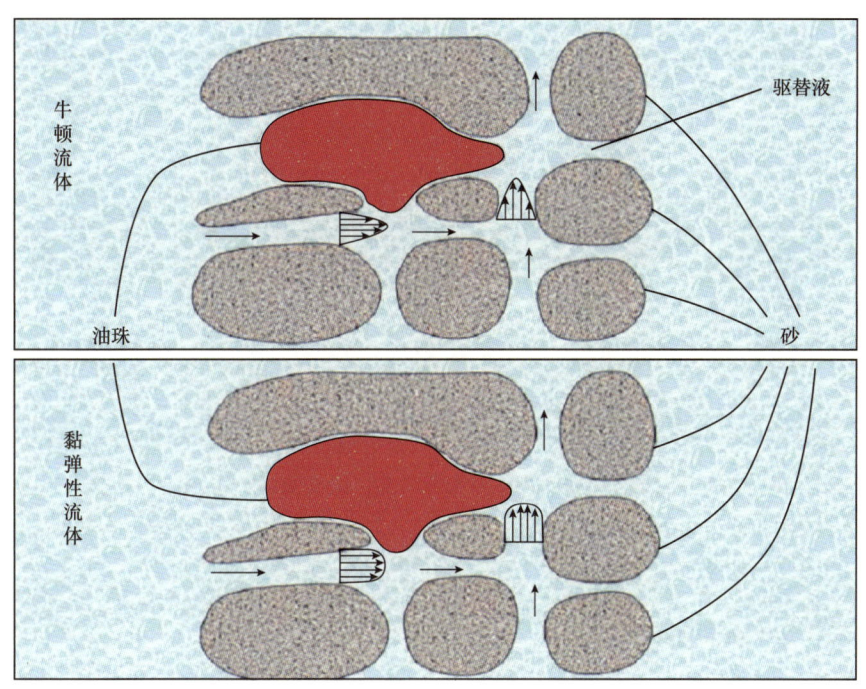

图 2-16　亲水表面油珠受力分析示意图

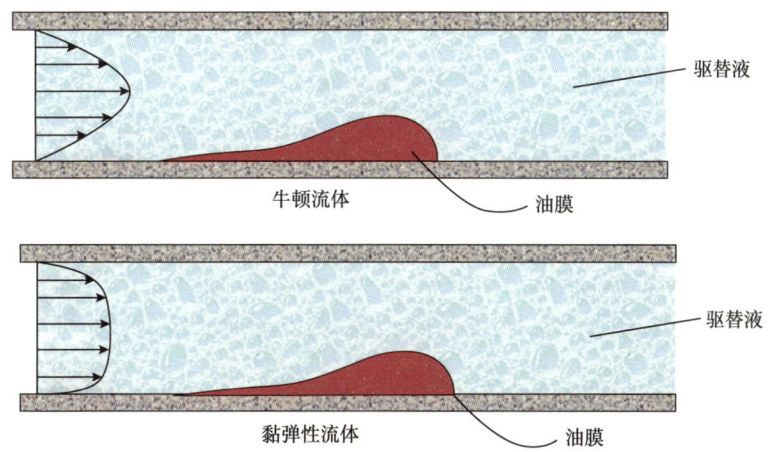

图 2-17　亲水表面油珠受力分析示意图

只要残余油的突出部位挡住驱替液的流动，就会产生上述现象。一个多孔介质是一个三维系统，孔道中残余油的突出部位也可以多于一个，如图 2-18 所示，因此突出部位不会挡住所有的液流通道，但只要有一个突出部位挡住液流的流动，就会出现上述现象。因此，只要有少部分突出部位被微观力推动就能够显著提高采收率。

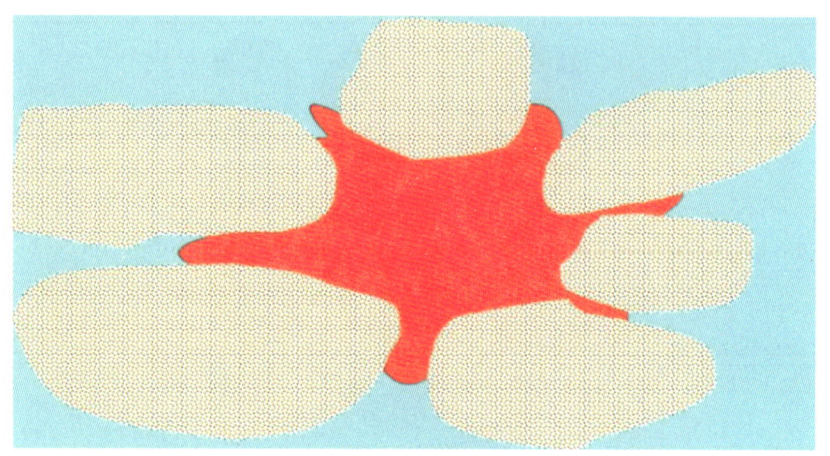

图 2-18　多个突出部位的油滴

二、数学模型描述

1. 聚合物溶液弹性的表征

聚合物分子一般是具有柔性的长链分子，在水溶液中呈现卷曲的圈状，在剪切流动时会发生弹性形变。振荡剪切流动实验和稳态剪切流动实验是实验室研究表征聚合物溶液弹性的两种主要方法。振荡剪切流动是对材料施加正弦剪切应变，而应力作为动态响应加以测定，主要测定溶液的损耗模量和储存模量；而稳态剪切流动主要是第一法向应力差函数。本书用第一法向应力差 N_1 来表征聚合物溶液的弹性。

2. 聚合物溶液弹性提高驱油效率实验室量化表征

为了建立聚合物溶液弹性提高微观驱油效率的量化关系，实验测定了第一法向应力差、毛管数和残余油饱和度的关系曲线。结果表明，残余油饱和度是弹性和毛管数的函数，当聚合物弹性一定时，随着毛管数的增加，残余油饱和度降低；毛管数相同时，聚合物溶液的弹性越大，残余油饱和度越低（图 2-19）。

1）第一法向应力差的计算

聚合物溶液的第一法向应力差的大小与聚合物分子量和溶液的浓度有关，聚合物的分子量和溶液浓度越大，聚合物溶液的弹性越大，即第一法向应力差 N_{p1} 是聚合物浓度 C_p 和聚合物分子量 M_r 的函数，根据实验室测定结果，建立了表达第一法向应力差与聚合物溶液浓度和分子量的关系式：

$$N_{p1} = C_{n1}(M_r) \cdot C_p + C_{n2}(M_r) \cdot C_p^2 \qquad (2\text{-}16)$$

式中　N_{p1}——第一法向应力差；
　　　$C_{n1}(M_r)$，$C_{n2}(M_r)$——反映不同分子量聚合物弹性大小的参数；
　　　C_p——聚合物溶液浓度。

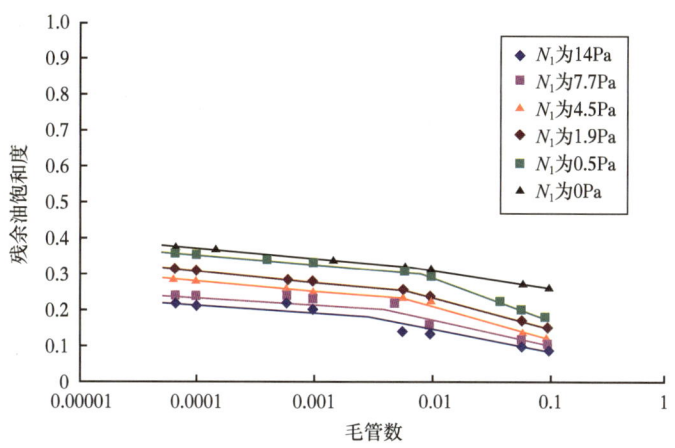

图 2-19　不同 N_1 条件下的聚合物溶液驱油曲线

式（2-16）表达的第一法向应力差与聚合物浓度和分子量的关系能够较为准确地模拟实验室关于第一法向应力差与聚合物浓度关系的测量结果。实验室实测了不同浓度聚合物溶液的第一法向应力差，然后利用式（2-16）对实测点进行拟合，拟合与实测对比结果见图 2-20，从对比结果可见，实测结果与拟合结果非常吻合，表明利用式（2-16）形式的表达式能够准确描述第一法向应力差与聚合物浓度的对应关系。此时得到的参数 $C_{n1}(M_r)$ =2.1，$C_{n2}(M_r)$ =210。

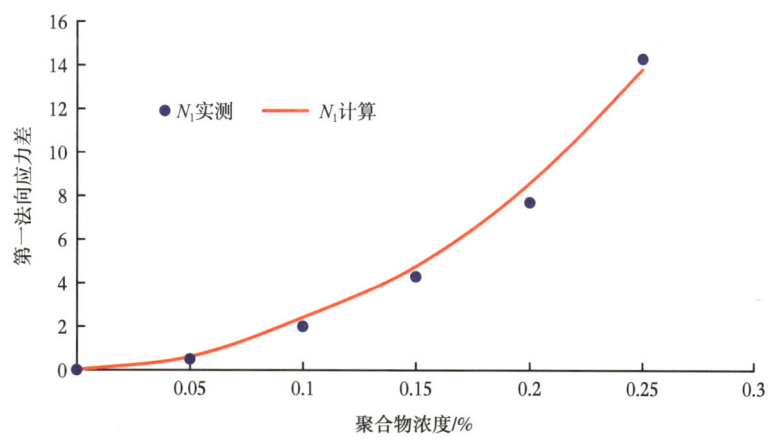

图 2-20　第一法向应力差实测值与计算值对比

实验室研究表明，其他条件相同时，配制聚合物溶液用水的矿化度不同，聚合物溶液的第一法向应力差也不同，而且矿化度越低，聚合物溶液的第一法向应力差越大，聚合物溶液的弹性也就越大。在本研究中，为了提高计算速度，忽略了配制用水矿化度对聚合物弹性的影响。

2）毛管数

毛管数是界面张力的函数，定义如下

$$N_{cl} = \frac{|\boldsymbol{K} \cdot \mathrm{grad}\, \Phi_{l'}|}{\sigma_{ll'}}, \quad l = \mathrm{w}, \mathrm{o} \qquad (2\text{-}17)$$

式中　$\boldsymbol{K}$——油藏渗透率张量；
　　　$\sigma_{ll'}$——被驱替和驱替相之间的界面张力；
　　　$\Phi_{l'}$——驱替相的势函数；
　　　w，o——水相和油相。

3）相残余饱和度

油相残余油饱和度 S_{or} 是第一法向应力差 N_{p1} 和毛管数 N_{co} 的函数：

$$S_{or} = S_{or}^h + \frac{S_{or}^w - S_{or}^h}{1 + T_1 \cdot N_{p1} + T_2 \cdot N_{co}} \qquad (2\text{-}18)$$

式中　S_{or}^h——理想条件下聚合物驱后残余油饱和度的极限值；
　　　S_{or}^w——水驱残余油饱和度；
　　　T_1，T_2——反映残余油饱和度降低受第一法向应力差影响的两个参数。

式（2-18）表达的残余油饱和度与第一法向应力差的关系，能够较为准确地模拟实验室关于残余油饱和度与第一法向应力差关系的测量结果。实验室实测了不同第一法向应力差下的残余油饱和度，然后利用式（2-18）对实测点进行拟合，拟合与实测对比结果见图2-21，从对比结果可见，实测结果与拟合结果非常吻合，表明利用式（2-18）形式的表达式能够准确描述第一法向应力差与残余油饱和度的对应关系，得到的参数 T_1=0.11。

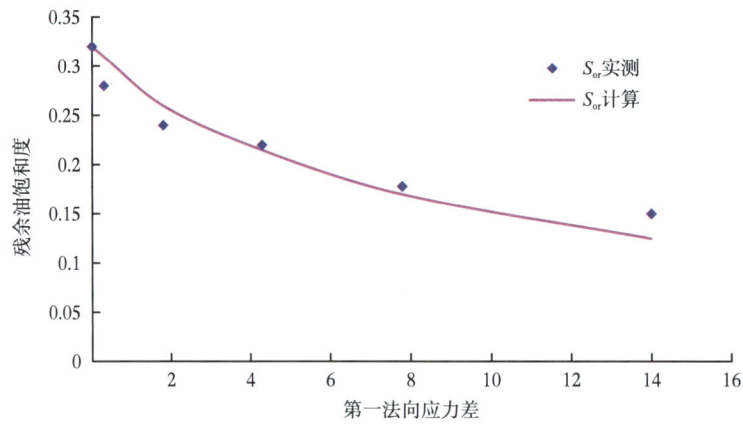

图 2-21　残余油饱和度实测值与计算值对比

水相残余饱和度 S_{wr} 是毛管数 N_{cw} 的函数：

$$S_{wr} = S_{wr}^{h} + \frac{S_{wr}^{w} - S_{wr}^{h}}{1 + T_w N_{cw}} \tag{2-19}$$

式中　S_{wr}^{h}——聚合物驱束缚水饱和度的极限值；

　　　S_{wr}^{w}——水驱束缚水饱和度；

　　　T_w——由实验数据确定的参数。

4）油水两相相对渗透率曲线

利用指数关系描述相对渗透率曲线，以如下的形式表达：

$$K_{rl} = K_{rl}^{0}\left(S_{n,l}\right)^{n_l}, \quad l = w, o \tag{2-20}$$

表达式如下：

$$S_{n,l} = \frac{S_l - S_{r,l}}{1 - S_{wr} - S_{or}}, \quad l = w, o \tag{2-21}$$

式中　$S_{n,l}$——l 相的正规化饱和度；

　　　S_l——l 相饱和度；

　　　$S_{r,l}$——l 相残余饱和度。

在高聚合物弹性和高毛管数情况下，相残余油饱和度会发生改变，从而引起相的相对渗透率发生变化，在相对渗透率曲线模型公式中通过修正端点值和指数值的方式描述由于相残余饱和度的变化引起的相对渗透率改变。利用线性插值方法由高聚合物弹性高毛管数情况和低聚合物弹性低毛管数情况的端点值和指数值计算变化后的端点值和指数值，端点值 $K_{r,l}^{0}$ 和指数值 n_l 的计算表达式如下：

$$K_{r,l}^{0} = K_{r,L,l} + \frac{S_{r,L,l} - S_{r,l}}{S_{r,L,l} - S_{r,H,l}}\left(K_{r,H,l} - K_{r,L,l}\right), \quad l = w, o \tag{2-22}$$

$$n_l = n_{L,l} + \frac{S_{r,L,l} - S_{r,l}}{S_{r,L,l} - S_{r,H,l}}\left(n_{H,l} - n_{L,l}\right), \quad l = w, o \tag{2-23}$$

式中　$K_{r,L,l}$，$n_{L,l}$——低毛管数和低弹性条件下 l 相相对渗透率曲线端点值和指数值；

　　　$K_{r,H,l}$，$n_{H,l}$——高毛管数和高弹性条件下 l 相相对渗透率曲线端点值和指数值；

　　　$S_{r,L,l}$——低毛管数和低弹性条件下 l 相残余饱和度；

　　　$S_{r,H,l}$——高毛管数和高弹性条件下 l 相残余饱和度。

第四节　分质分注多种分子量聚合物驱油机理和数学模型

大庆油田聚合物驱从 1995 年步入工业化推广应用以来，已经取得了巨大的社会效益和经济效益,随着聚合物驱规模的不断扩大,大庆油田的聚合物驱对象已经从一类油层逐渐转变为二类油层。与一类油层相比,二类油层河道砂发育厚度变薄,从主力油层的3~10m变为二类油层的2~5m;渗透率从主力油层的0.6~0.9D变为二类油层0.4~0.7D;河道砂规模变窄,从800~1500m变为200~1000m,砂体连续性变差(图2-22),相变频繁,纵向层多,层间渗透率级差增大,吸水剖面动用不均衡,笼统注聚合物时,薄差层由于启动压力高,相同压力条件下注入液驱替困难,剖面动用差。

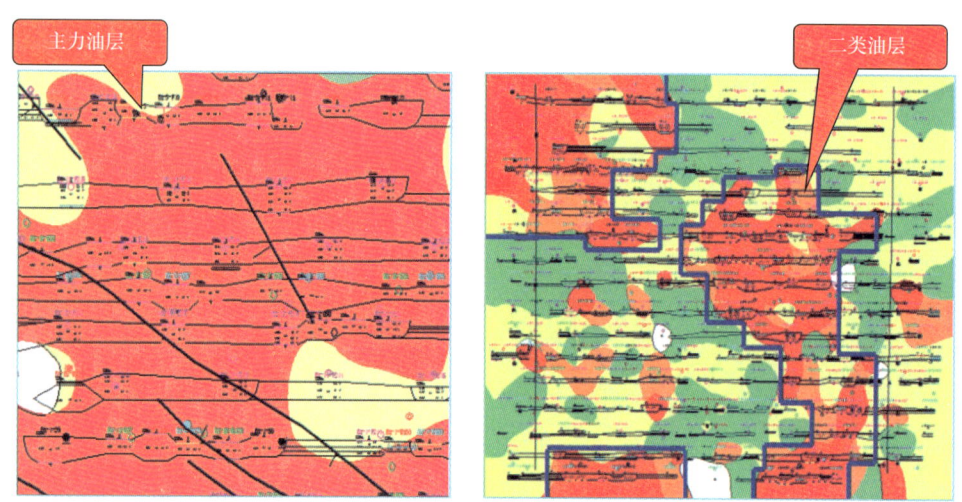

图2-22 主力油层与二类油层发育情况对比

针对二类油层的地质特点和油层发育状况,提出了分质注聚合物进一步提高聚合物驱效果的做法。分质注聚合物的主要思路是,对于不同渗透率油层注入与之匹配的不同分子量的聚合物,这样不仅可以使各类储层达到较好的动用,而且还可以更大程度地发挥聚合物分子量增黏和提高采收率的作用。图2-23是典型的分质注聚合物的示意图。

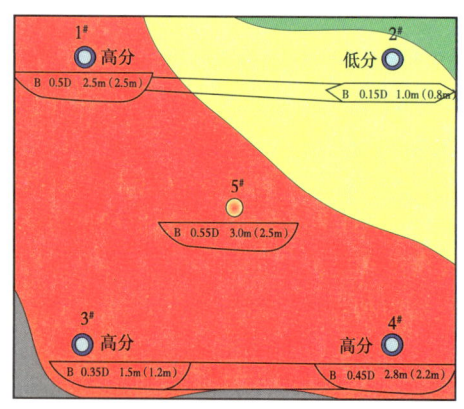 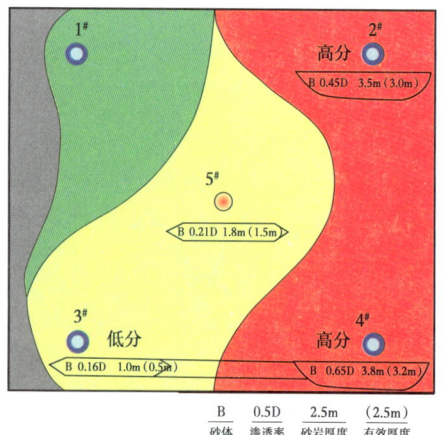

图2-23 平面分质注聚合物示意图

大庆油田在中区西部"两三结合"试验区聚合物驱中期进行了分质分注,对平均渗透率小于 50mD 的油层注入 600×10^4 分子量聚合物;平均渗透率介于 50~100mD 之间的油层,注入 800×10^4 分子量聚合物;平均渗透率大于 100mD 的油层注入 1000×10^4 分子量聚合物。从试验区的动态反映看,试验区的含水率变化具有明显的二次见效特征(图 2-24),这充分揭示了分质分注多种分子量聚合物驱油机理的存在。

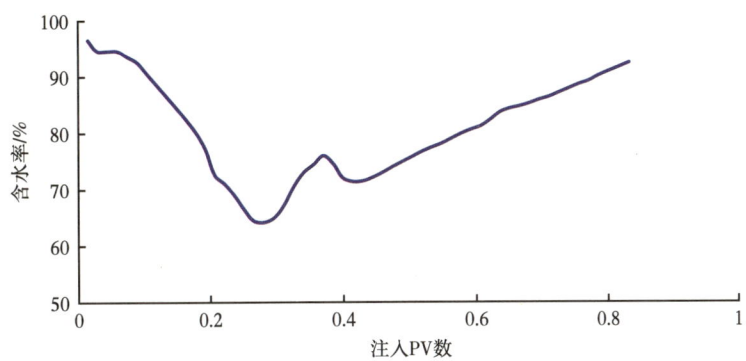

图 2-24 中区西部分质分注聚合物驱含水率变化曲线

一、多种分子量聚合物复配理化性能表征

多种分子量聚合物分质分注方法对提高聚合物驱的总体开发效果起到了非常重要的作用。开展了多种聚合物溶液混合特性试验研究,根据试验研究结果,建立了多种分子量聚合物驱油机理数学模型,研制出模拟机理完善的聚合物多种分子量分质分注数学模型。

1. 多种分子量聚合物混合后的溶液特性实验研究

为了建立多种分子量聚合物溶液混合驱油机理数学模型,实验室开展了溶液中有多种分子量聚合物同时存在时,溶液所表现出来的黏度变化特性研究。

1)不同分子量聚合物理化性能指标

选取低分子量、中分子量和高分子量三种聚合物,分子量分别为 500×10^4、1500×10^4 和 3500×10^4,进行复配实验。表 2-5 列出了所用聚合物的分子量以及对应的各项理化性能指标。

表 2-5 实验所用聚合物和相应理化性能指标

检验项目		低分子量聚合物	中分子量聚合物	高分子量聚合物
分子量		519×10^4	1474×10^4	3479×10^4
特性黏数 /(dL/g)		10.1	21.05	35.45
水解度 /[%(摩尔分数)]		23.6	24.4	24.6
粒度 / %	≥ 1.00mm	0	0	0
	≤ 0.20mm	0.1	0.2	0.5

续表

检验项目	低分子量聚合物	中分子量聚合物	高分子量聚合物
黏度 /（mPa·s）	26.0	45.3	78.9
固含量 / %	91.1	90.5	90.6
筛网系数	11.7	23.1	73.6
残余单体 / %	0.019	0.024	0.019
过滤因子	1.1	1.2	2.2
水不溶物 / %	0.013	0.024	0.050
溶解速度 / h	< 2	< 2	< 2

对于选定的低分子量、中分子量和高分子量三种聚合物，在浓度为200mg/L、400mg/L、600mg/L、800mg/L、1000mg/L 和 1200mg/L 条件下分别测定了三种分子量单一溶液的黏度，表2-6 和图2-25 给出了黏浓关系测试结果。

表2-6　标准盐水配制不同分子量聚合物的黏浓关系

聚合物浓度/（mg/L）		200	400	600	800	1000	1200
黏度 /（mPa·s）	分子量 500×10⁴	3.1	6.6	13.6	21.0	32.8	43.6
	分子量 1500×10⁴	5.3	13.4	23.9	38.1	53.3	73.6
	分子量 3500×10⁴	8.9	22.1	41.3	64.6	94.4	121.6

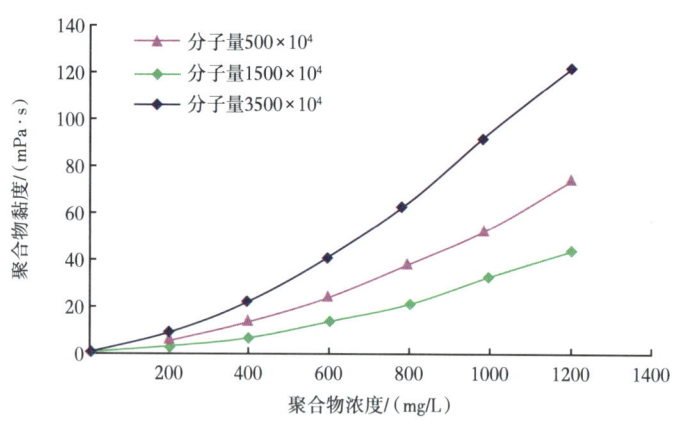

图 2-25　不同分子量聚合物黏浓关系曲线

2）不同分子量、不同聚合物浓度复配的黏度测定

选取分子量为 500×10⁴、1500×10⁴、3500×10⁴ 的聚合物，用标准盐水配制浓度为 5000mg/L 的母液，取其三种聚合物母液混合，复配至不同的溶液浓度，测定其复配后聚合物溶液黏度。

（1）复配后聚合物溶液浓度为600mg/L。

低分子量聚合物与中分子量聚合物复配后，随着中分子量聚合物溶液浓度的增加其聚合物溶液的黏度呈线性上升趋势；中分子量聚合物与高分子量聚合物复配后，其聚合物溶液的黏度虽有增加，但随着高分子量聚合物溶液浓度的增加，复配体系的溶液黏度值增加很小或不再增加，这说明复配体系的溶液黏度值主要取决于高分子量聚合物的贡献；三种聚合物溶液复配，在一定浓度范围内，复配体系的溶液黏度变化明显，从黏度值可以看出低分子量聚合物对复配体系的溶液黏度值贡献不大。复配实验结果见表2-7。

表2-7 复配后聚合物溶液浓度为600mg/L实验结果

序号	聚合物浓度/（mg/L）			溶液黏度/（mPa·s）
	分子量 $500×10^4$	分子量 $1500×10^4$	分子量 $3500×10^4$	
1	500	100	—	14.6
2	400	200	—	16.6
3	300	300	—	18.4
4	200	400	—	20.5
5	100	500	—	22.2
6	—	500	100	32.9
7	—	400	200	33.6
8	—	300	300	35.8
9	—	200	400	35.9
10	—	100	500	36.0
11	100	200	300	31.6
12	100	300	200	28.5
13	200	300	100	23.6
14	200	100	300	29.3
15	300	200	100	22.1
16	300	100	200	24.6

（2）复配后聚合物溶液浓度为900mg/L。

低分子量聚合物与中分子量聚合物复配后，其聚合物溶液的黏度呈线性上升趋势，在低分子量聚合物与中分子量聚合物混合比例为8:1时，复配体系的溶液黏度值基本体现为低分子量聚合物溶液黏度值,当二者比例为1:8时,基本体现为中分子量聚合物溶液黏度值;中分子量聚合物与高分子量聚合物复配后,其聚合物溶液的黏度稳步上升;三种聚合物溶液混合比例为2:3:4时,其复配体系的溶液黏度值变化范围不大,当低、中、高分子量聚合物比例为3:4:2和4:2:3时,以及三者比例为2:4:3和3:2:4时,复配体系的溶液黏度值接近,这说明随着复配体系浓度的增加,适当调整三者的比例,对复配体系的溶液黏度影响是有效的。复配实验结果见表2-8。

表2-8 复配后聚合物溶液浓度为900mg/L 实验结果

序号	聚合物浓度/(mg/L)			溶液黏度/(mPa·s)
	分子量500×10⁴	分子量1500×10⁴	分子量3500×10⁴	
2	600	300	—	31.8
3	300	600	—	38.7
4	100	800	—	43.3
5	—	700	200	56.0
6	—	600	300	59.7
7	—	500	400	62.7
8	—	400	500	68.3
9	—	300	600	72.5
10	—	200	700	72.6
11	200	400	300	52.8
12	200	300	400	56.8
13	300	400	200	46.9
14	300	200	400	53.2
15	400	300	200	45.1
16	400	200	300	47.4

(3)复配后聚合物溶液浓度为1200mg/L。

无论是低分子量聚合物与中分子量聚合物复配还是中分子量聚合物与高分子量聚合物复配,随着复配体系浓度的增加,复配体系的溶液黏度值都稳步上升;在三者复配比例按1:2:3变化时,复配体系溶液黏度值符合聚合物的黏浓规律变化,在比例为3:2:1和2:3:1时,复配体系溶液黏度值变化不大;适当调整三者的比例,可以实现对复配体系黏度值在一定范围内的调整。复配实验结果见表2-9。

表 2-9　复配后聚合物溶液浓度为 1200mg/L 实验结果

序号	聚合物浓度 /（mg/L）			溶液黏度 /（mPa·s）
	分子量 500×10⁴	分子量 1500×10⁴	分子量 3500×10⁴	
2	800	400	—	51.8
3	600	600	—	58.3
4	400	800	—	62.8
5	300	900	—	66.3
6	—	1000	200	80.0
7	—	900	300	85.3
8	—	800	400	88.5
9	—	600	600	98.1
10	—	400	800	107.7
11	—	300	900	112.0
12	—	200	1000	116.3
13	200	600	400	85.5
14	200	400	600	93.2
15	400	600	200	70.3
16	400	200	600	89.1
17	600	400	200	67.2
18	600	200	400	76.9

二、不同分子量聚合物混合驱油数学模型

由上述实验结果可以看出，利用不同分子量聚合物浓度加权平均的方法可以很好地反映混合后的聚合物溶液黏度的变化情况，这样就可以独立建立每种分子量聚合物溶液在多孔介质中渗流满足的物质传输规律，先独立求解每一组分的浓度方程。然后根据浓度加和的原理和相应参数浓度加权平均的形式，分别计算得到聚合物溶液的黏度、聚合物溶液吸附、渗透率下降系数等。

1. 不同分子量聚合物溶液混合总浓度

不同分子量聚合物溶液混合后，其总浓度是每种分子量聚合物溶液浓度 C_{pi} 的加和：

$$C_{pt} = \sum_{i=1}^{n} C_{pi} \qquad (2-24)$$

2. 不同分子量聚合物溶液混合后驱油机理模型

在计算聚合物溶液黏度、吸附量、渗透率下降系数和弹性驱油机理时，所有模型的参数均表示为每种分子量聚合物相应参数的浓度加权平均的形式：

$$\alpha = \frac{\sum_{i=1}^{n} C_{\mathrm{p}i}\alpha_i}{\sum_{i=1}^{n} C_{\mathrm{p}i}} \tag{2-25}$$

式中　α——不同分子量聚合物溶液混合后的参数；
　　　α_i——第 i 种分子量聚合物溶液单独的参数。

1）黏度模型

在零剪切速率下单一分子量聚合物 pi 溶液黏度模型为：

$$\mu_{\mathrm{p}i}^0 = \mu_{\mathrm{w}}\left[1 + \left(A_{\mathrm{p}1}^{\mathrm{p}i}C_{\mathrm{p}i} + A_{\mathrm{p}2}^{\mathrm{p}i}C_{\mathrm{p}i}^2 + A_{\mathrm{p}3}^{\mathrm{p}i}C_{\mathrm{p}i}^3\right)C_{\mathrm{SEP}}^{S_{\mathrm{p}i}}\right] \tag{2-26}$$

多种聚合物溶液混合后的黏度模型表示为：

$$\mu_{\mathrm{pt}}^0 = \mu_{\mathrm{w}}\left[1 + \left(A_{\mathrm{p}1}^{\mathrm{t}}C_{\mathrm{pt}} + A_{\mathrm{p}2}^{\mathrm{t}}C_{\mathrm{pt}}^2 + A_{\mathrm{p}3}^{\mathrm{t}}C_{\mathrm{pt}}^3\right)C_{\mathrm{SEP}}^{S_{\mathrm{pt}}}\right] \tag{2-27}$$

$$A_{\mathrm{p}1}^{\mathrm{t}} = \frac{\sum_{i=1}^{n} C_{\mathrm{p}i}A_{\mathrm{p}1}^{\mathrm{p}i}}{\sum_{i=1}^{n} C_{\mathrm{p}i}} \tag{2-28}$$

$$A_{\mathrm{p}2}^{\mathrm{t}} = \frac{\sum_{i=1}^{n} C_{\mathrm{p}i}A_{\mathrm{p}2}^{\mathrm{p}i}}{\sum_{i=1}^{n} C_{\mathrm{p}i}} \tag{2-29}$$

$$A_{\mathrm{p}3}^{\mathrm{t}} = \frac{\sum_{i=1}^{n} C_{\mathrm{p}i}A_{\mathrm{p}3}^{\mathrm{p}i}}{\sum_{i=1}^{n} C_{\mathrm{p}i}} \tag{2-30}$$

$$S_{\mathrm{pt}} = \frac{\sum_{i=1}^{n} C_{\mathrm{p}i}S_{\mathrm{p}i}}{\sum_{i=1}^{n} C_{\mathrm{p}i}} \tag{2-31}$$

2）聚合物溶液流变性模型

单一分子量聚合物 pi 溶液驱油流变性模型为：

$$\mu_p = \mu_w + \frac{\mu_p^0 - \mu_w}{1 + \left(\gamma/\gamma_{ref}\right)^{P_\alpha^{pi}-1}} \qquad (2-32)$$

多种聚合物溶液混合后的流变性模型表示为：

$$\mu_p = \mu_w + \frac{\mu_p^0 - \mu_w}{1 + \left(\gamma/\gamma_{ref}\right)^{P_\alpha^t-1}} \qquad (2-33)$$

$$P_\alpha^t = \frac{\sum_{i=1}^n C_{pi} P_\alpha^{pi}}{\sum_{i=1}^n C_{pi}} \qquad (2-34)$$

3）渗透率下降系数模型

单一分子量聚合物 pi 溶液驱油渗透率下降系数模型为：

$$R_K = 1 + \frac{(R_{KMAX} - 1) b_{rk}^{pi} C_{pi}}{1 + b_{rk}^{pi} C_{pi}} \qquad (2-35)$$

多种聚合物溶液混合后的渗透率下降系数模型表示为：

$$R_K = 1 + \frac{(R_{KMAX} - 1) b_{rk}^t C_{pt}}{1 + b_{rk}^t C_{pt}} \qquad (2-36)$$

$$b_{rk}^t = \frac{\sum_{i=1}^n C_{pi} b_{rk}^{pi}}{\sum_{i=1}^n C_{pi}} \qquad (2-37)$$

3. 模型的实验验证

根据表 2-6 分别回归计算得到了高中低三种分子量聚合物溶液黏浓关系[式（2-26）]的系数，并应用式（2-27）至式（2-31）计算得到了聚合物溶液总浓度分别是 600mg/L、900mg/L 和 1200mg/L 条件下，不同混合比例的计算黏度值，与实测结果对比结果表明（表 2-10，表 2-11，表 2-12），计算黏度与实测黏度的误差随着聚合物体系总浓度的增加略有增加，在总浓度为 1200mg/L 时的最大误差仅为 2.0mPa·s，说明所建立的数学模型可以准确地反映不同聚合物溶液混合后的物理特性。

表 2-10　复配后聚合物溶液浓度为 600mg/L 实验结果与计算结果对比

序号	聚合物浓度 /（mg/L）			实测溶液黏度 /（mPa·s）	计算黏度 /（mPa·s）	误差 /（mPa·s）
	分子量 500×10⁴	分子量 1500×10⁴	分子量 3500×10⁴			
1	500	100	—	14.6	15.1	0.5
2	400	200	—	16.6	16.9	-0.3
3	300	300	—	18.4	18.7	-0.3
4	200	400	—	20.5	20.4	0.1
5	100	500	—	22.2	22.2	0
6	100	200	300	31.6	31.1	0.5
7	100	300	200	28.5	28.5	0
8	200	300	100	23.6	23.4	0.2
9	200	100	300	29.3	29.3	0
10	300	200	100	22.1	21.6	-0.5
11	300	100	200	24.6	24.6	0

表 2-11　复配后聚合物溶液浓度为 900mg/L 实验结果与计算结果对比

序号	聚合物浓度 /（mg/L）			实测溶液黏度 /（mPa·s）	计算黏度 /（mPa·s）	误差 /（mPa·s）
	分子量 500×10⁴	分子量 1500×10⁴	分子量 3500×10⁴			
2	600	300	—	31.8	32.9	-1.1
3	300	600	—	38.7	39.1	-0.4
4	100	800	—	43.3	43.3	0
5	200	400	300	52.8	52.4	0.4
6	200	300	400	56.8	56.1	0.7
7	300	400	200	46.9	46.6	0.3
8	300	200	400	53.2	54.0	-0.8
9	400	300	200	45.1	44.5	0.6
10	400	200	300	47.4	48.2	0.8

表 2-12 复配后聚合物溶液浓度为 1200mg/L 实验结果与计算结果对比

序号	聚合物浓度 /（mg/L）			实测溶液黏度 /（mPa·s）	计算黏度 /（mPa·s）	误差 /（mPa·s）
	分子量 500×10⁴	分子量 1500×10⁴	分子量 3500×10⁴			
2	800	400	—	51.8	53.7	−1.9
3	600	600	—	58.3	58.6	−0.3
4	400	800	—	62.8	63.5	−0.7
5	300	900	—	66.3	66.0	0.3
6	200	600	400	85.5	84.7	0.8
7	200	400	600	93.2	92.8	0.4
8	400	600	200	70.3	71.7	−1.4
9	400	200	600	89.1	87.9	1.1
10	600	400	200	67.2	66.7	0.5
11	600	200	400	76.9	74.9	2.0

第三章 复合驱机理和数学模型

第一节 低酸值原油驱油体系协同效应

国外一般认为：

（1）高浓度（2%~10%）活性剂驱油可以使界面张力达到超低值（<10mN/m）并大幅度提高采收率，但活性剂用量太大、成本太高，经济上不合算，不能推广使用。

（2）三元复合驱可以降低活性剂用量，但只适用于高酸值原油；采出液破乳很困难；加入碱以后，聚合物黏度大幅度下降，为此需要加入更多的聚合物。这些因素又造成成本上升，因此即使针对高酸值原油也很难推广使用。

（3）各种室内配方受油藏多变的影响都很大，实施起来风险太大，不如到新的探区找新储量风险小。

大庆原油是石蜡基低酸值原油，酸值不到 0.1mg KOH/g，不宜进行碱驱，想要大幅度提高原油采收率，必须使用碱/表面活性剂/聚合物（ASP）三元复合驱。三元复合驱中影响驱油效果的因素很多，如界面张力、吸附滞留量、黏度、乳化性能和与地层的配伍性等。大庆油田经过多年实践初步形成如下理论：

（1）三元复合驱不但可以适应高酸值原油，同时也可以适应像大庆原油这样的低酸值原油，但与高酸值原油更容易形成超低界面张力。

（2）加入合适的破乳剂后，在大庆油藏条件下，采出液破乳并不困难。

（3）三元复合体系中的强碱会伤害油层并结垢，但同时会与地下的原油形成高黏度乳化液，这对降低流度比、提高波及体积和采收率是有利的，有可能降低聚合物的用量。

（4）有适应性强、能形成超低界面张力的表面活性剂，且只要配方合理，可以在较大的范围内与油藏流体和地层匹配。

（5）由于化学驱段塞的表面活性剂浓度以及加入采出液中的破乳剂浓度都较低，并且提高采收率的幅度较高，因此在大庆油田，三元复合驱在经济上是可以有效益的。1994—2000 年大庆油田进行了 5 个现场试验，都取得了较好的效果，提高采收率 20% 左右，采出液较容易破乳，采油速度 3%/a 以上。

一、低酸值原油化学驱油理论

三元复合驱中影响驱油效果的因素很多如界面张力、吸附滞留量、黏度、乳化性能和与地层的配伍性等。界面张力是一项重要参数，评价油水间界面张力是筛选配方的第一步，也是非常重要的一步，界面张力的高低决定着化学驱的驱油效率。根据毛管数理论可知，在目前工艺技术所能达到的压力梯度下，要使水驱后残余油产生流动，油水间的界面张力必须降低到 10^{-3} mN/m 数量级以下。

传统理论认为原油中的酸性物质是主要的活性组分，它可以与复合体系中的碱发生相互作用生成表面活性剂，新生成的表面活性剂再与加入的表面活性剂发生协同作用，从而将油水间的界面张力降低到超低数量级（10^{-3}mN/m），但对低酸值的大庆原油这一原理并不适用。

大庆油田根据多年研究总结如下：

（1）大庆油田重质组分含量较低，研究表明轻质组分含量高的原油的界面活性明显好于不含轻质组分的原油。由此可见，轻质组分含量对低界面张力的形成是有利的。

（2）大庆油田是高含蜡油田，对石蜡基原油，碱在降低表面活性剂复合体系与原油间的界面张力中的作用机理有两种观点：一种认为体系的高 pH 值可以激发体系的表面活性，在降低界面张力值中起主要作用；另一种观点认为体系的含盐量可通过调整离子强度来调节表面活性剂分子在油水两相的平衡分布。当表面活性剂在油相与水相的分配比接近一定临界值时，油水界面张力值最低。强碱的加入使体系达到高 pH 值从而形成超低界面张力，但强碱会对地层造成一定的伤害。因此通过碱的复配既可保持一定的 pH 值，又有一定的矿化度还可以降低对油层的伤害。

（3）表面活性剂本身的活性是影响界面张力的根本原因，它决定了碱的类型、浓度及适用的油藏范围。表面活性剂的分子量及其分布直接影响溶解度，也影响其他性质，特别是对低界面张力性质的影响。表面活性剂的烷基链越长，分子量越高，油溶性越强。从增溶油或水的特点看有一个比较合适的分子量范围。

（4）对水质的研究表明，水中的无机离子、微生物、悬浮颗粒、有机物对体系界面张力的影响具有关键的作用。

大庆油田虽然为低酸值原油，但其轻质组分含量高、含蜡量高是三元复合驱有利的条件，同时根据大庆油田低酸值原油组成特征，研发出了三元复合驱油体系，由碱、表面活性剂和聚合物组成，与大庆原油形成超低界面张力，而且超低界面张力区域范围比较大，如图 3-1 所示。

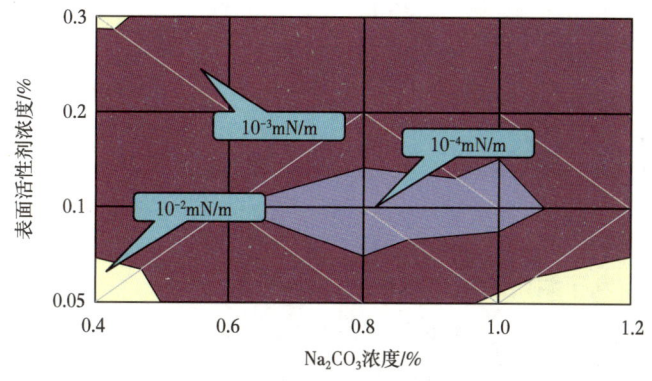

图 3-1 化学驱油体系与大庆低酸值原油界面张力活性图

对于低酸值原油化学驱油过程，表面活性剂、碱和原油之间的协同效应通过界面张力活性函数描述：

$$\sigma_{ow} = \sigma_{ow}(w_{Sw}, w_{Aw}) \tag{3-1}$$

式中　σ_{ow}——油水相间的界面张力，下标 o 表示油相，w 表示水相；

w_{Sw}——水相中表面活性剂的质量分数；

w_{Aw}——水相中碱的质量分数。

界面张力活性函数关系式由实验测定的界面张力活性图量化给出。

得益于多年的研究，从 2014 年三元复合驱开始在大庆油田规模化推广以来，连续 7 年年产油量超过 $400×10^4$t，累计产油量突破 $4000×10^4$t，目前工业化区块达到 37 个，累计动用地质储量 $2.39×10^8$t，注采井数 10530 口，三元复合驱取得显著的开发效果和经济效益。

二、超低界面张力对驱油效果的影响

由上文可知，三元复合体系与原油间界面张力是影响三元复合驱驱油效果的重要因素，同时超低界面张力主要与原油的轻质组分含量、含蜡量、表面活性剂浓度及水质有关，在三元—油体系中，存在两种界面张力，即平衡界面张力和瞬间界面张力。平衡界面张力是油水接触到一定时间后达到平衡、不再变化时的界面张力；瞬间界面张力是随时间变化的动态界面张力。在三元复合驱过程中，三元复合体系与原油间的平衡界面张力和瞬间界面张力都将对驱油过程和驱油效果起到一定的作用。

大庆油田经过大量的实验表明，三元复合驱过程中三元复合体系与原油间平衡界面张力对三元复合驱驱油效果具有重要影响，随着油水界面张力的降低，采收率有较大幅度的提高。要使三元复合驱提高采收率达到 20%，就要使三元复合体系与原油间的界面张力降低到 10^{-3}mN/m 数量级以下（图 3-2 和图 3-3）。

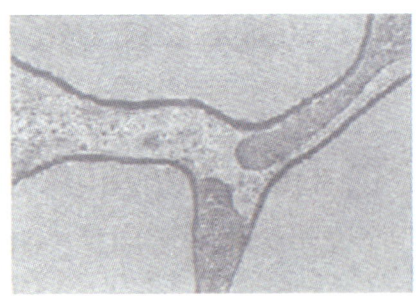 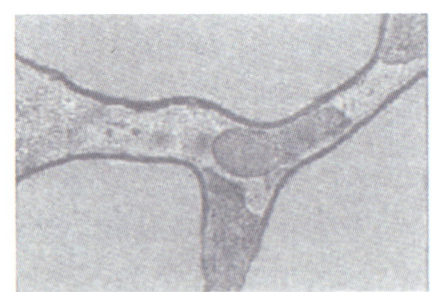

图 3-2　界面张力为 10^{-1}mN/m 条件下产生油滴的过程

1. 界面张力低有利于剩余油的启动

从微观实验可以看出，在三元复合驱过程中只要残余油能够启动，基本会被驱替出来。因此，如何启动水驱后残余油是进行三元复合驱驱油效果研究的一项主要内容。三元复合驱与水驱的差别除了提高驱替相的黏度外，还大幅度降低了油水间的界面张力，从而大大减小了将油滴从岩石表面剥离下来所需克服的黏附功和将大油滴分散成小油滴需做的分散功,因此黏附在岩石表面和滞留于孔隙中的残余油更容易分割成小油滴而随着驱替液运移而被采出。在水驱油过程中,几乎没有乳化油滴产生,在三元复合驱时,油水界面张力达 10^{-1} mN/m 数量级时,产生油滴的能力比较弱,只有在剩余油富集且易于启动时,才能产生油滴,且产生的油滴大而少(图 3-2);当油水界面张力降至 10^{-3} mN/m 时,产生油滴的能力明显增强,对于油量很少且难于启动的残余油也能使之变成小油滴驱替出来(图 3-3)。

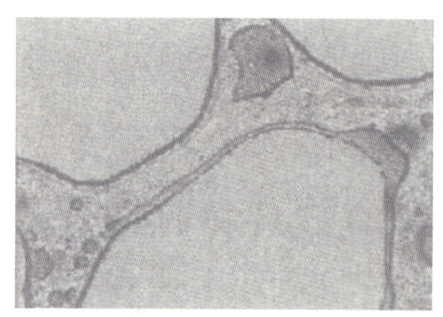 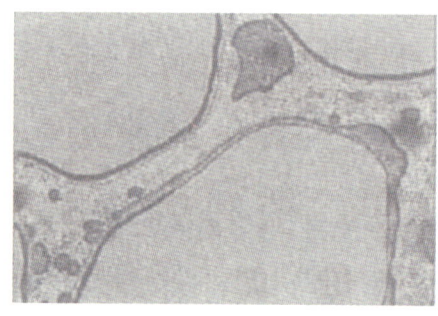

图 3-3　界面张力为 10^{-3} mN/m 条件下产生油滴的过程

在三元复合驱过程中,残余油的启动除了占据孔道的驱替体系黏度增加而使残余油两端的压差加大外,更主要的是受到三元复合体系产生的剪切力或拉力的作用使残余油启动。由于在残余油喉道两端都有水流动,喉道中的残余油两端的压差很小,残余油不能流动,在进行三元复合驱时,三元复合体系在残余油一端产生的剪切力使部分残余油被不断拉成小油滴采出,喉道另一端的三元复合体系不断进入孔隙中填补油滴被驱走后留下的空当,使柱状残余油启动、运移,最后被采出。

2. 界面张力低有利于残余油的运移

在油水两相的微观渗流过程中,作为驱替相的水或三元复合体系基本能够保持连续流动,而作为被驱替相的油则根据不同驱替剂和不同驱替阶段可能为连续流动,也可能分散成油滴流动,当油为连续流动状态时,其所受到的流动阻力最小。

在水驱油过程中,水以活塞的形式在孔道内推进,油和水分别占据整个空隙喉道端面[图 3-4(a)],被水扫过的部分而未被驱走的油分散于空隙空间不再运移而成为残余油。在三元复合驱过程中,三元复合体系与原油能够形成较低的界面张力,这样,在同一孔隙内就会出现油水并行流动的状况[图 3-4(b)],如果三元复合体系与原油间能够形成比较低的界面张力($10^{-3} \sim 10^{-2}$ mN/m),孔隙内的剩余油还会被拉成长长的油线[图 3-4(c)],这些油线形成了剩余油的流动通道,降低了剩余油启动运移的阻力,剩余油沿着油线向前运动,最后被并入其他流动的残余油中或被拉断成小油滴驱替出来。油水界面张力越低,这样的油线就越容易形成,形成的油线就越长,也就会使更多的残余油被易于驱替出来。

通过三元复合驱微观驱油过程的分析可以看出,油水间界面张力低有利于将残余油的启动、运移,因此有利于提高采收率。

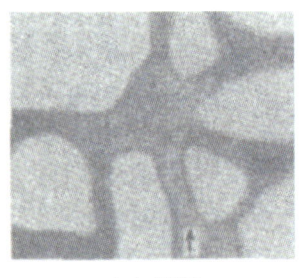 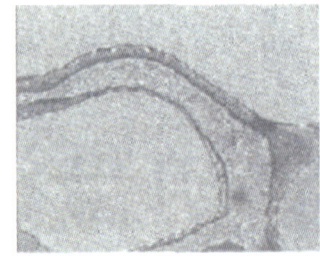 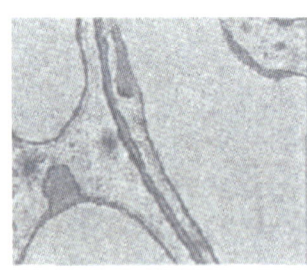

（a）水驱油　　　　　　　（b）复合驱（油湿）　　　　　（c）复合驱（水湿）

图 3-4　水驱、三元复合驱在孔隙内的不同渗流形式

三、储层润湿性改变驱油作用

一般而言，亲油油层的驱油效率较低，而亲水油层的驱油效率相对较高。由于表面活性剂具有亲水基和亲油基两种基团，这两种基团不仅具有防止油水互相排斥的功能，而且能够吸附在岩石的表面上，从而降低液固界面能。因此，选择合适的表面活性剂，可以将岩石表面由亲油转变为亲水（图 3-5），降低原油在岩石表面的黏附功，提高驱油效率。

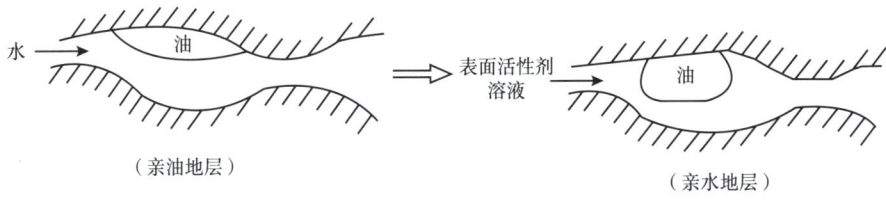

（亲油地层）　　　　　　　　　　　　　　　　（亲水地层）

图 3-5　岩石润湿性对驱油效率的影响

储层岩石润湿性是表征储层岩石吸附油水能力的一项重要参数，也是影响油田注水开发和化学驱提高采收率的重要因素。油藏岩石润湿性在一定程度上控制着三元复合驱驱替微观剩余油的过程，三元复合驱过程中油藏岩石润湿性由油湿向水湿转变标志着微观剩余油形式和数量的改变。为了研究三元复合驱前后储层润湿性变化及其对三元复合驱驱油效果的影响程度，开展了三元复合驱对储层润湿性的影响及储层润湿性对三元复合驱驱油效果影响的实验研究。

1. 三元复合驱能够将岩石润湿性由油湿转变为水湿

油藏岩石的润湿性决定了水驱残余油的微观分布特征。在亲水油层内，束缚水以水膜的形式分布于岩石、矿物颗粒表面，油以连续或分散的形式滞留在大孔隙和细小喉道中。在亲油的油层中，水驱后的亲油岩石表面会残留一层薄薄的油膜（厚度可达微米级），油膜形式的残余油在水驱后的残余油中将占有一定的比例。油藏水驱后进行三元复合驱时，三元复合体系较强的洗油能力将使部分油膜被驱替出来，使岩石表面由亲油转化为亲水或中性。油层岩石润湿性的变化程度能够反映出三元复合驱驱替残余油膜、提高驱油效率的能力。

表 3-1 为亲油岩心在三元复合驱前后润湿性的对比结果。实验方法是将天然岩心经模拟油恒温（45℃）老化 45 天后，岩石恢复到原始的油湿状态。经三元复合驱、碱水驱或水驱后再检测岩石的润湿性，从实验结果可以看出，三元复合驱使岩心的润湿性明显向亲水方向转化。岩心经过三元复合驱后，在较低驱替倍数后（0.3~2PV）立即检测岩石润湿性，润湿指数明显增加（平均增加 0.315），4 块岩心中有 2 块岩心由亲油转变为弱亲油。在三元复合驱驱替较大倍数或浸泡较长时间后，岩心的润湿性变化更加明显，岩心驱替 30PV，润湿指数由 −0.455 变为 0.205；驱替 1PV 后浸泡 10 天的岩心，润湿指数由 −0.460 变为 0.275。4 块岩心都从亲油转化为亲水，说明三元复合驱能够有效地驱替水驱后滞留于岩石表面的油膜，高倍数三元复合驱或长期浸泡更有利于油膜的驱替。其作用程度明显大于高倍数水冲刷（润湿指数平均增加 0.107）。

表 3-1　三元复合驱后岩心润湿性变化结果

样品号	渗透率/mD	岩心处理方法	水湿指数	油湿指数	润湿指数	润湿性	备注
456-3	995	原始润湿性	0.11	0.73	−0.62	亲油	
		三元复合驱后	0.05	0.46	−0.41	亲油	0.3PV
301-8	1041	原始润湿性	0.07	0.47	−0.50	亲油	
		三元复合驱后	0.07	0.35	−0.28	弱亲油	0.5PV
254-14	360	原始润湿性	0.05	0.78	−0.73	亲油	
		三元复合驱后	0.09	0.26	−0.15	弱亲油	1PV
596-4	1392	原始润湿性	0.10	0.72	−0.62	亲油	
		三元复合驱后	0.24	0.61	−0.37	亲油	2PV
259-1	946	原始润湿性	0.10	0.56	−0.46	亲油	
		三元复合驱后	0.35	0.20	0.15	弱亲水	30PV
381-7	492	原始润湿性	0.11	0.55	−0.45	亲油	
		三元复合驱后	0.37	0.11	0.26	亲水	30PV
580-3	1021	原始润湿性	0.08	0.39	−0.31	亲油	
		三元复合驱后	0.49	0.11	0.38	亲水	1PV 浸泡 10 天
254-3	450	原始润湿性	0.07	0.69	−0.62	亲油	
		三元复合驱后	0.27	0.10	0.17	弱亲水	1PV 浸泡 10 天
381-2	506	原始润湿性	0.11	0.48	−0.37	亲油	
		碱水驱后	0.37	0.03	0.33	亲水	30PV
500-4	900	原始润湿性	0.10	0.52	−0.41	亲油	
		碱水驱后	0.80	0.12	0.68	亲水	30PV

续表

样品号	渗透率/mD	岩心处理方法	水湿指数	油湿指数	润湿指数	润湿性	备注
230-1	470	原始润湿性	0.10	0.71	-0.61	亲油	
		水驱后	0.12	0.68	-0.56	亲油	30PV
217-17	437	原始润湿性	0.06	0.71	-0.65	亲油	
		水驱后	0.06	0.59	-0.53	亲油	30PV
433-3	760	原始润湿性	0.09	0.75	-0.64	亲油	
		水驱后	0.08	0.52	-0.44	亲油	30PV

三元复合驱能改变油层润湿性的原因之一是表面活性剂的作用。当表面活性剂进入油层后，部分表面活性剂分子会进入固液的接触面，破坏原有的原油边界层，将原油从束缚它的岩石壁面上解脱出来，成为可动油，极性的水分子或亲水基团占据岩石矿物的颗粒表面，使岩石矿物表面由油湿转变为水湿。同时，由于表面活性剂在亲油岩石表面的吸附形成了亲水基向外的吸附层，使得油藏岩心的亲水性增强，润湿性向亲水方向转化。

三元复合驱能改变油层润湿性的另一个原因是三元复合体系中碱的作用。表 3-2 给出两块岩心碱水驱前后岩心润湿性的对比实验结果，两块亲油岩心在经过高倍数的碱水驱后，润湿性都从油湿转变为水湿。这一结果说明碱是促使油层润湿性改变的主要因素。碱能够与原油中的有机酸进行皂化反应生成具有表面活性的石油酸皂，降低水和岩石间的界面张力，使亲油岩石表面转换成亲水的表面。同时，碱还能够与油层中的岩石、黏土矿物进行化学反应，通过离子交换，使原有的黏土矿物转化为更易水化的钠型黏土，使油层水湿程度更强。表 3-2 给出了三元复合体系及其单一组分岩心浸泡的实验结果，在地层温度条件下，分别用聚合物溶液、表面活性剂溶液、氢氧化钠溶液及三元复合体系浸泡岩心粉末，浸泡 30 天后，聚合物溶液、表面活性剂溶液中的各项离子基本不变，即聚合物溶液和表面活性剂溶液不与岩心发生化学反应。在氢氧化钠溶液和三元复合体系中有大量的硅离子和部分铝离子析出，说明碱能够与岩心黏土矿物发生反应，使岩心表面性质向亲水方向转化。

表 3-2 三元复合体系及其单一组分岩心浸泡实验结果

工作剂	离子含量/(mg/L)						
	K^+	Al^{3+}	Fe^{3+}	Si^{2+}	Ca^{2+}	Mg^{2+}	Na^+
聚合物溶液（2300mg/L）	2.3	7.5	—	1.7	0.6	0.8	2.2
表面活性剂溶液（6000mg/L）	2.5	3.1	0.2	1.2	1.5	0.2	1.8
氢氧化钠溶液（1.2%）	18.4	33.2	1.2	228.2	0.4	0.3	6378.1
三元复合体系	10.0	7.2	0.8	115.2	0.8	0.6	6065.4

2. 油层岩石润湿性对三元复合驱提高采收率的影响

油藏岩石润湿性在两个方面影响三元复合驱的驱油效果，首先，润湿性决定着三元复合驱过程中毛管力的作用形式；其次，润湿性不同的油层水驱后剩余油形式有所不同（膜状残余油为亲油岩心特有的一种剩余油形式，孤岛状残余油是亲水岩心特有一种剩余油形式）。表3-3为利用不同润湿性岩心进行三元复合驱的驱油实验结果，从实验结果可以看出，岩心亲水与弱亲油条件下，三元复合驱提高采收率的幅度相近，分别为20.65%和21.06%，而岩心亲油时三元复合驱提高采收率的幅度略低，平均提高采收率18.60%，即在水驱采收率相近的情况下，油层亲水或弱亲油有利于三元复合驱提高驱油效率，油层亲油性强不利于三元复合驱采收率的提高。

表3-3 岩心润湿性对三元复合驱驱油效果的影响

润湿性	岩心号	气测渗透率/mD	水驱采收率/%	化学驱提高采收率幅度/%	最终采收率/%	平均提高采收率/%
水湿	119-1	632	52.68	19.05	71.73	20.65
	p51-113-4	806	50.68	20.33	71.01	
	224-1	1474	53.85	22.08	75.93	
	P51-85-3	808	49.24	20.92	70.16	
	L114-1	827	54.90	19.35	74.25	
	L154-2	1393	55.71	18.57	74.28	
	P51-217-4	1015	51.48	17.68	69.16	
	107-4	937	50.67	22.34	73.01	
	L147-8	934	53.12	23.10	76.22	
弱油湿	681-6	864	46.51	19.01	65.52	21.06
	676-7	614	48.12	23.14	71.26	
	638-2	1743	53.75	22.07	75.82	
	838-4	1478	47.19	20.01	67.20	
油湿	180-1	1762	50.04	17.24	67.28	18.60
	217-10	416	51.61	19.50	71.10	
	260-4	347	49.32	17.39	66.71	
	542-3	1835	48.18	19.76	67.94	
	596-1	1469	52.77	20.25	73.02	

在亲水油层中进行三元复合驱时，毛管力为动力，三元体系更容易进入被油占据的孔隙、喉道。同时，由于亲水岩心表面对原油附着力相对较小，使水驱后各种形式的微观残余油（特别是孤岛状残余油）更容易被驱替干净，图3-6为相同孔隙结构、不同润湿性条

件下三元复合驱微观驱油实验结果，在较大的驱替倍数下（5PV），亲水模型内的原油最终采收率达到了95%以上，而在亲油模型内原油最终采收率只有80%左右。在亲水油层不利于三元复合驱提高采收率的因素为：一般情况下，水驱采收率相对较高，剩余油相对较少，增加了三元复合驱提高采收率的难度。

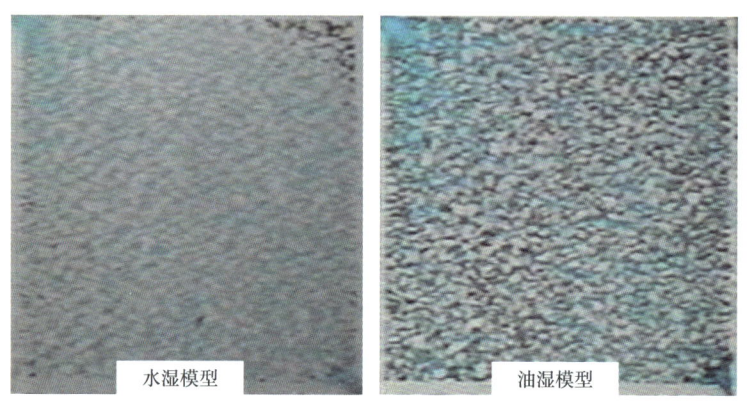

图3-6　相同倍数三元复合驱后水湿、油湿模型内的残余油分布

在亲油岩心中进行三元复合驱时，由于油膜的广泛存在，残余油可以沿着油膜形成的油流通道启动、运移，增大了膜状、盲状残余油启动的可能性，同时，水驱后较多的剩余油也有利于三元复合驱提高驱油效率。图3-7为三元复合驱驱替盲状残余油的过程，存在于孔隙盲端的残余油在三元复合体系的作用下，沿着油膜运移，最后被驱走。残余油驱走后，占据孔隙盲端的三元复合体系并不参与流动，说明三元复合体系在盲端深处不会产生较大的剪切力使残余油启动、运移，盲端内的残余油是不断填补窄喉道处油膜流动时留下的位置，沿着油膜形成的通道运移出去的，即油膜的存在促进了盲状残余油启动、运移。但在岩心强亲油时，由于岩心表面对原油附着力相对较大，岩石表面的油膜需更低的油水界面张力、更强的携带能力和更大的驱替倍数才能被驱走，所以只有在主流线附近或其他

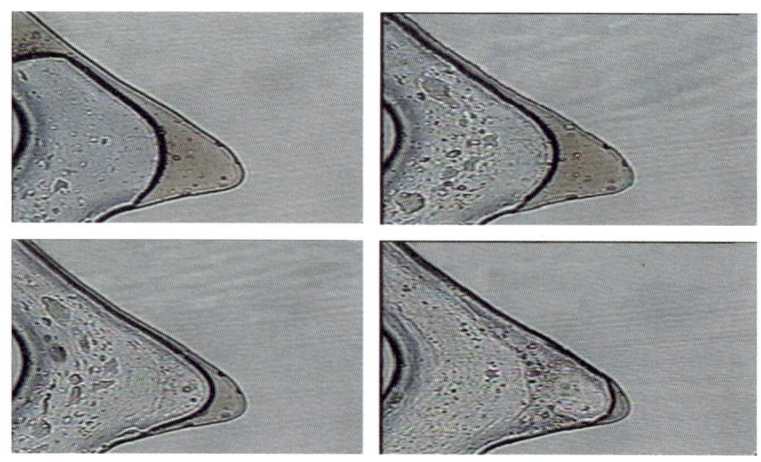

图3-7　盲状残余油沿油膜启动运移过程

驱替倍数较大的区域，油膜才能被驱替干净。这也是在岩心亲油性比较强时，三元复合驱提高采收率的幅度要低一些的原因。弱亲油油层岩石表面既有少量部分亲水，又有大量亲油部分，三元复合体系有利于沿着部分亲水的表面剥离亲油表面的油膜，所以提高采收率幅度最大。

大庆油田不同油层的润湿性不同，在未水淹油层，润湿性以弱亲油为主，在水淹油层，润湿性主要为中性或弱亲水。油层岩石润湿性在弱亲油至亲水的范围内，三元复合驱能够取得较好的驱油效果，从油层润湿性考虑，大庆油田老区的萨尔图、葡萄花油层均适于三元复合驱。

根据储层润湿性反转后相对渗透率曲线特征，建立了储层润湿性影响驱油机理数学模型，能够描述表面活性剂吸附、碱化学反应和长期水冲刷对储层润湿性的影响：

$$S_{or} = S_{or}^{h} + \frac{S_{or}^{*} - S_{or}^{h}}{1 + \left[T_1 \left(1 + \alpha \hat{C}_s + \beta \hat{C}_A + \lambda \left(\frac{t}{t_0} \right)^{\theta} \right)^{n_l} \right] \cdot N_{co}} \quad (3-2)$$

式中　t_0——参考时间；

　　　t——化学剂作用时间；

　　　α，β，λ，θ，n_l——由实验数据确定的参数。

四、化学剂色谱分离现象及对渗流影响数学模型

1. 色谱分离产生的原因

三元复合驱油体系在油层内流动时，碱、表面活性剂和聚合物之间的差速运移现象称为色谱分离。色谱分离是混合液在多孔介质中运移时的一种特性，三种化学剂的分离程度主要受竞争吸附、离子交换、多路径运移、滞留损失等因素的影响与控制。三元复合体系的色谱分离是每种化学剂受以上某种因素作用或几种因素共同作用的结果。

2. 色谱分离现象实验研究

三元复合体系通过人工岩心时，只要存在色谱分离，在模型的出口端必将表现为各化学剂有不同的无因次流出时间和浓度变化规律。设化学剂在岩心注入端的初始浓度是C_0，而在出口端检测到化学剂的浓度为C，那么以三元复合体系的注入PV数为横坐标，以相对浓度C/C_0为纵坐标作图，就可得到出口端流出液中各种化学剂的浓度变化曲线（图3-8）。图中聚合物、表面活性剂、碱的浓度曲线在图中的不同位置反映了其在岩心多孔介质中运动速度的快慢。曲线越靠左，表示其运动速度越快，如聚合物；曲线越靠右，说明其运动速度越慢，如表面活性剂；曲线之间的距离反映了化学剂间色谱分离的严重程度。因此不同化学剂之间存在色谱分离现象。

三元复合体系色谱分离主要发生在岩心驱替前缘，岩心实验一般采用两种指标来描述色谱分离现象：

（1）无因次等浓时间（表3-4）。岩心驱替过程中，各化学剂的驱替前缘达到同一相对浓度时某一化学剂的注入孔隙体积倍数称为该化学剂的无因次等浓时间。无因次等浓时间

越长,表明该化学剂流出时间越晚,复合体系色谱分离程度越明显。

(2)无因次流出时间(表3-5)。在驱替岩心出口端流出液中最早检测到化学剂流出时的注入数(孔隙体积倍数)称为该化学剂的无因次流出时间。三元复合体系中各化学剂的无因次流出时间不同。

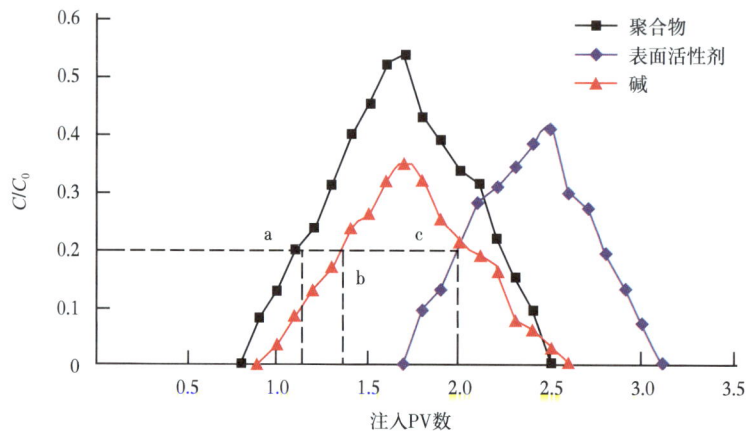

图3-8 岩心出口端流出液中化学剂浓度变化曲线

大量实验研究表明,色谱分离主要受注入速度、渗透率因素影响(表3-6),岩心入口端注入速度越低,表面活性剂的无因次流出时间增加,与聚合物和碱的无因次等浓时间差增大,同时其流出量降低。岩心渗透率增大,表面活性剂的无因次流出时间降低,聚合物和碱与表面活性剂之间的无因次等浓时间差减小,同时其流出量增加。

表3-4 不同注入速度下流出液中三种化学剂的无因次等浓时间

岩心编号	孔隙度/%	水测渗透率/mD	注入速度/(mL/min)	无因次等浓时间/PV		
				聚合物	碱	表面活性剂
1	19.7	180	0.34	0.19	0.58	0.77
2	21.7	189	0.17	0.2	1.12	1.32
3	17.4	183	0.1	0.25	1.14	1.39

表3-5 不同注入速度下流出液中三种化学剂的无因次流出时间

岩心编号	孔隙度/%	水测渗透率/mD	注入速度/(mL/min)	无因次流出时间/PV		
				聚合物	碱	表面活性剂
1	19.7	180	0.34	0.91	1.03	1.68
2	21.7	189	0.17	0.95	1	1.92
3	17.4	183	0.1	0.92	1.01	1.96

表3-6 不同渗透率下流出液中三种化学剂的无因次流出时间及无因次等浓时间

岩心编号	无因次流出时间 /PV			无因次等浓时间 /PV		
	聚合物	碱	表面活性剂	聚合物	碱	表面活性剂
1	0.91	1.03	1.68	0.19	0.58	0.77
2	0.9	0.99	1.62	0.22	0.56	0.78
3	0.88	0.96	1.49	0.27	0.43	0.70

3. 化学驱现场色谱分离现象

表3-7主要用化学剂突破时间表征色谱分离程度。该试验区位于杏北油田二区西部，采用4注9采五点法面积井网，共有油水井13口，其中注入井4口，采出井9口，注采井距200m，试验区于1996年11月开始注入三元复合体系，先后完成前置聚合物段塞、三元主段塞、三元副段塞、聚合物保护段塞的注入，从表中可见，三元复合体系出现色谱分离但不严重：

（1）采出液均为先见聚合物后见表面活性剂及碱，存在色谱分离现象。
（2）碱及表面活性剂同时见到或相差时间较短的，井含水下降幅度大，驱油效果好。
（3）聚合物与碱和表面活性剂见到时间不同，但碱和表面活性剂均为同时见到。

表3-7 三元复合驱化学药剂采出情况

井号	注采井距/m	受效方向	初见时间			时间差 / PV			含水下降幅度 /%
			聚合物	碱	表面活性剂	聚合物—碱	表面活性剂—碱	聚合物—表面活性剂	
杏2-2-1	199	四向	1997年8月	1997年12月	1997年12月	0.078	0	0.78	49.3
杏2-2-23	163	双向	1997年3月	1997年7月	1997年7月	0.102	0	0.102	97.5
杏2-2-22	205	双向	1997年9月	1998年3月	1998年3月	0.081	0	0.081	16.9

4. 色谱分离对渗流过程的影响

三元复合驱因显著降低界面张力从而提高采收率，并且作为大庆油田主要开发手段之一已开展大量深度研究。强碱三元复合体系具有良好的协同效应，极大地降低了表面活性剂用量、扩大波及体积，具有良好的驱油效果，采收率提高幅度在20%左右。然而三元复合体系所含化学剂受到竞争吸附、离子交换、液—液分配、多路径运移和滞留损失等因素的影响导致色谱分离现象出现，使得聚合物、碱和表面活性剂在油藏内运移过程中彼此分离，破坏了三元复合体系的完整性，从而影响了三元复合体系的驱油性能，因此研究色谱分离对三元复合体系界面张力的影响就是研究其对体系驱油效率的影响。图3-9中实验选择填砂管模型，注入不同体系的三元复合体系并测定其对界面张力的影响。

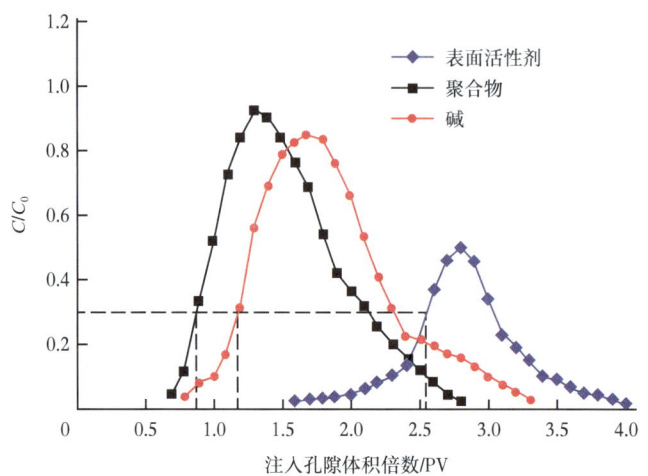

图 3-9　出口端流出液中各化学剂的浓度变化规律曲线

以出口端检测到的各化学剂浓度与该化学剂初始浓度之比 C/C_0 为纵坐标，以注入孔隙体积倍数（PV）为横坐标绘图，得到出口端流出液中各化学剂的浓度变化规律曲线，如图 3-9 所示。用突破时间和产出时差 2 个参数描述色谱分离程度，聚合物、碱和表面活性剂的浓度曲线在图中的位置反映了其在多孔介质中运动速度的快慢；曲线越靠左，运动速度越快（如聚合物）；曲线越靠右，运动速度越慢（如表面活性剂），而曲线间的距离则反映了化学剂间的色谱分离程度。分析曲线可以发现：碱曲线下所占面积最大，表明碱的色谱分离程度最为严重。聚合物最早突破是由于岩石内存在不可及孔隙体积，分子量较高的聚合物分子线团不能进入；在碱作用下聚合物水解度增大，分子链上负电荷增加；吸附过程中聚合物被排斥等诸多因素都将导致聚合物超前突破。

表 3-8 列出了三元复合体系在 $C/C_0=0.3$ 条件下的色谱分离程度。分析可知，在地面按一定配方配制的三元复合体系注入地下后组分会发生改变，聚合物的运动速度最快，注入量为 0.71PV 时聚合物最先突破；碱随后流出；表面活性剂的运动速度最慢，注入量为 1.65PV 时表面活性剂最后突破，突破顺序为聚合物＞碱＞表面活性剂。各种化学剂之间的产出时差：聚合物—碱、碱—表面活性剂和聚合物—表面活性剂依次增加，即表面活性剂与聚合物之间的色谱分离程度最为严重，聚合物与碱间的色谱分离程度最小，说明三元复合体系的色谱分离主要发生在表面活性剂与聚合物、表面活性剂与碱之间。而竞争吸附、离子交换、液—液分配、多路径运移和滞留损失都可能大量损耗表面活性剂用量，因此降低表面活性剂在地层中的损失将成为减小色谱分离程度的主要措施。

表 3-8　三元复合体系在 $C/C_0=0.3$ 条件下的色谱分离程度

突破时间 /PV			产出时间 /PV		
聚合物	碱	表面活性剂	聚合物—碱	碱—表面活性剂	聚合物—表面活性剂
0.71	0.83	1.65	0.33	1.38	1.61

实验同时对流出液进行检测，先后检测到聚合物、碱和表面活性剂的存在。测定每次出口端采出液120min时的界面张力，如图3-10所示。当注入量达到0.5PV时，界面张力升高是由于此时碱的突破，原油中的活性物质与碱反应生成的表面活性物质减少，界面张力变大；但是随后界面张力增加幅度趋于平缓，这是由于复合体系中的碱与表面活性剂之间的协同效应起到降低界面张力的作用。此外，体系中的碱还可以

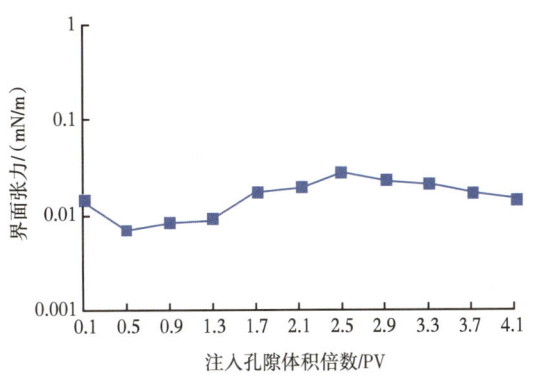

图3-10 随注入PV数升高采出液界面张力变化

起到增强离子强度的作用，使表面活性剂降低界面张力。当注入量达到1.7PV时，界面张力再次显著增大，此时检测到表面活性剂突破，即与碱发生协同效应的物质减少，导致界面张力升高。当注入量达到2.5PV时，检测到大部分碱由于色谱分离而流出，此时复合体系中表面活性剂降低界面张力起主要作用，随着油水界面上吸附的分子逐渐增多，分子排列变得紧密而整齐，达到吸附饱和，界面张力下降；然而单独的碱或者表面活性剂都不易使复合体系界面张力达到协同效应的效果，因此依然没能达到超低界面张力，即色谱分离使得三元复合体系各化学剂间彼此分离，不能有效实现各化学剂间的协同作用，使得三元复合体系不易达到超低界面张力，影响三元复合体系的性能以及油田最终采收率。

实际生产过程中注入方案的设计一般都要考虑体系黏度和界面张力，而驱替前缘聚合物和碱色谱分离后，聚合物溶液黏度恢复，使得整体方案流度均需加以考虑，造成了驱替过程的不确定性，从而影响驱替效果。

第二节 化学复合协同效应驱油机理数学模型

根据上文对三元复合驱油机理的认知，建立了适合大庆油田低酸值原油化学驱特征的驱油机理数学模型。

一、界面张力

对于低酸值原油化学驱油过程，表面活性剂、碱和原油之间的协同效应通过界面张力活性函数描述

$$\sigma_{ow} = \sigma_{ow}(w_{Sw}, w_{Aw}) \tag{3-3}$$

式中 σ_{ow}——油水相间的界面张力，下标o表示油相，w表示水相；
w_{Sw}——水相中表面活性剂的质量分数；
w_{Aw}——水相中碱的质量分数。
界面张力活性函数关系式由实验测定的界面张力活性图量化给出。

二、表面活性剂和碱竞争吸附

利用 Langmuir 形式等温吸附关系描述碱耗过程：

$$\hat{C}_A = \frac{a_1 w_{Aw}}{1 + b_1 w_{Aw}} \tag{3-4}$$

式中　$\hat{C}_A$——碱的损耗量；

a_1，b_1——由实验资料确定的参数。

利用如下模型描述碱对表面活性剂吸附损耗的影响关系：

$$\hat{C}_S = \frac{a_2 w_{Sw}}{1 + b_2 w_{Sw}} \cdot e^{-\lambda \hat{C}_A} \tag{3-5}$$

式中　$\hat{C}_S$——表面活性剂的吸附损耗量；

a_2，b_2，λ——由实验资料确定的参数。

三、毛管数

毛管数是界面张力、渗透率张量和势梯度的函数，定义如下[15]

$$N_{cl} = \frac{|\boldsymbol{K} \cdot \mathrm{grad}\,\Phi_{l'}|}{\sigma_{ll'}}, \qquad l = \mathrm{w},\ \mathrm{o} \tag{3-6}$$

式中　N_{cl}——l 相的毛管数；

$\sigma_{ll'}$——被驱替和驱替相之间的界面张力；

$\Phi_{l'}$——驱替相的势。

四、相残余饱和度

综合考虑聚合物弹性提高驱油效率和毛细管驱替的效果，残余油饱和度 S_{or} 是黏弹性流体第一法向应力差 N_1 和油相毛管数 N_{co} 的函数：

$$S_{or} = S_{or}^h + \frac{S_{or}(N_c^*, N_1) - S_{or}^h}{1 + T_1 \cdot N_{co}} \tag{3-7}$$

式中　S_{or}^h——极限高毛管数理想情况下化学驱残余油饱和度的极限值；

$S_{or}(N_c^*, N_1)$——聚合物驱低于临界毛管数 N_c^* 条件下第一法向应力差为 N_1 时的残余油饱和度，具体定义由式（3-2）给出；

T_1——由实验资料确定的参数。

束缚水饱和度仅是其毛管数 N_{cw} 的函数：

$$S_{wr} = S_{wr}^h + \frac{S_{wr}^w - S_{wr}^h}{1 + T_3 N_{cw}} \tag{3-8}$$

式中 S_{wr}^{h}——极限高弹性和高毛管数理想情况下化学驱束缚水饱和度的极限值；

S_{wr}^{w}——水驱情况下束缚水饱和度；

T_3——由实验资料确定的参数。

五、储层润湿性改变驱油作用

前面实验结果表明，化学驱过程，注入的表面活性剂和碱与储层表面相互作用，可以将岩石表面由亲油转变为亲水，进一步提高驱油效率。根据储层润湿性反转后相对渗透率曲线特征，建立了储层润湿性影响驱油机理数学模型，能够描述表面活性剂吸附、碱化学反应和长期水冲刷对储层润湿性的影响：

$$S_{\text{or}} = S_{\text{or}}^{\text{h}} + \frac{S_{\text{or}}^{*} - S_{\text{or}}^{\text{h}}}{1 + \left\{ T_1 \left[1 + \alpha \hat{C}_{\text{S}} + \beta \hat{C}_{\text{A}} + \lambda \left(\frac{t}{t_0} \right)^{\theta} \right]^{n_l} \right\} \cdot N_{\text{co}}} \quad (3\text{-}9)$$

式中 t_0——参考时间；

t——化学剂作用时间；

$\theta, n_l, \alpha, \beta, \lambda$——由实验数据确定的参数。

六、相对渗透率曲线

利用指数关系描述相对渗透率曲线：

$$K_{\text{r}l} = K_{\text{r}l}^{0} \left(S_{\text{n}l} \right)^{n_l}, \quad l = \text{w, o} \quad (3\text{-}10)$$

其中，$S_{\text{n}l}$ 是 l 相的正规化饱和度，表达式为：

$$S_{\text{n}l} = \frac{S_l - S_{lr}}{1 - S_{\text{wr}} - S_{\text{or}}}, \quad l = \text{w, o} \quad (3\text{-}11)$$

端点值 $K_{\text{r}l}^{0}$ 和指数值 n_l 的计算表达式分别为：

$$K_{\text{r}l}^{0} = K_{\text{r,L},l} + \frac{S_{\text{r,L},l} - S_{lr}}{S_{\text{r,L},l} - S_{\text{r,H},l}} \left(K_{\text{r,H},l} - K_{\text{r,L},l} \right), \quad l = \text{w, o} \quad (3\text{-}12)$$

$$n_l = n_{\text{L},l} + \frac{S_{\text{r,L},l} - S_{lr}}{S_{\text{r,L},l} - S_{\text{r,H},l}} \left(n_{\text{H},l} - n_{\text{L},l} \right), \quad l = \text{w, o} \quad (3\text{-}13)$$

式中 $K_{\text{r,L},l}, n_{\text{L},l}$——低毛管数和低弹性条件下（相当于水驱条件）的相对渗透率曲线端点值和指数值；

$K_{\text{r,H},l}, n_{\text{H},l}$——极限高毛管数和高弹性条件下的相对渗透率曲线端点值和指数值；

$S_{r,L,l}$——低毛管数和低弹性条件下 l 相残余饱和度；

$S_{r,H,l}$——极限高毛管数和高弹性条件下 l 相残余饱和度的极限值。

七、色谱分离对聚合物黏度影响数学模型

建立了化学剂色谱分离对聚合物黏度影响驱油机理数学模型，能描述三元复合驱过程由于色谱分离，聚合物浓度前缘碱浓度降低，聚合物分子链重新伸展而引起黏度增加的现象。

$$\mu_p^0 = \mu_w \left[1 + \left(A_{p1} w_{pw} + A_{p2} w_{pw}^2 + A_{p3} w_{pw}^3 \right) w_{SEP}^{S_p} \cdot e^{-\alpha C_A} \right] \quad (3-14)$$

式中 μ_p^0——零剪切速率下水相黏度；

w_{pw}——水相中聚合物浓度；

w_{SEP}——有效含盐量；

C_A——碱浓度；

A_{p1}，A_{p2}，A_{p3}，α——由实验数据确定的参数。

第三节 碱与储层矿物复杂化学反应

三元复合驱注入体系（主要是碱）进入储层后，与油藏内的流体混合、泥岩石接触，并相互作用，发生物理化学反应，导致热力学、结晶动力学、流体力学、机械力学等平衡状态的改变。在变化的温度、压力等条件的影响下，会产生泥质垢、钙垢、镁垢及硅铝垢的沉淀。垢的形成过程为：水溶液→过饱和溶液→晶体析出→晶体生长→结垢。

当三元复合驱注入液进入地层以后，形成一个新的由三元复合驱、地层岩心矿物、储层地下水、含溶解气原油组成的相互作用的复杂体系。一方面，三元复合驱中的碱（NaOH）电解出的 Na^+ 可与地层岩石中的二价阳离子（Ca^{2+}、Mg^{2+} 等）发生离子交换，使地层中二价阳离子含量增加，这些二价阳离子及地层流体中的二价阳离子 Ca^{2+}、Mg^{2+} 等与 NaOH 电解出的 OH^-、OH^- 与地层流体中 HCO_3^- 反应产生的 CO_3^{2-}、表面活性剂磺酸盐、聚合物聚丙烯酰胺等作用形成沉淀；另一方面，碱与岩石矿物反应过程中溶蚀产生的 AlO_2^-、SiO_3^{2-} 将与上述阳离子结合生成沉淀，其中的硅酸盐只有某些含钾、钠硅酸盐是可溶性的，其余的均不溶于水，因此硅酸盐沉淀的种类很丰富。这些新的反应打破了原地层流体和其围岩矿物之间的物理化学平衡状态，也直接或间接引起储层岩石矿物的被溶蚀伤害和与地层流体间的离子交换等混合物理化学作用，地层中这些作用的发生过程中会产生温度和 pH 值的变化。总之，这些作用的结果是导致三元采出液中富集的成垢离子（SiO_3^{2-}、AlO_2^-、Ca^{2+}、Mg^{2+}、OH^-、CO_3^{2-} 等）在特定的温度、压力、pH 值条件下达到过饱和，进而产生化学沉淀，持续的化学沉淀交替沉积在泵筒、抽油杆、底部油管内壁等处导致垢的形成。

三元复合驱注入油田地层后主要发生两方面作用，一方面是与储层岩石矿物发生反应，另一方面是和地层中流体混合发生物理化学反应。

一、强碱复合体系与储层岩石矿物的作用

1. 储层岩石、矿物成分

大庆油田三元复合驱块油层中岩石的主要存在矿物为长石、石英、岩屑及黏土矿物等，其矿物含量，长石占 35.3%~40.3%（以钾长石为主，占 28.5% 左右，其余为斜长石），石英占 41.3%~43.3%，岩屑占 10.6%~13.3%（以酸性喷发岩为主），黏土矿物占 4.5%~8.5%（以高岭石、伊利石、绿泥石、蒙脱石绿泥石混层为主），方解石等碳酸盐矿物占 1.5% 左右。这些岩石、矿物的化学元素组成和分子式分别为：

长石的化学分子式：$KAlSi_3O_8 + Na_{1-x}Ca_x[Al_{1+x}Si_{3-x}O_8]$。化学组成：$K_2O$（11.3%）、$Al_2O_3$（18.4%）、$SiO_2$（64.7%）、$Na_2O$（5.6%），此外可含微量 Ca、Fe、Ba、Rb、Cs 等混入元素。

石英的化学分子式：SiO_2。

黏土矿物：高岭石 $Al_4[Si_4O_{10}](OH)_8$，伊利石 $(K, H_3O^+)(Al, Mg, Fe)_2[(Si, Al)_4O_{10}](OH)_2$，绿泥石 $Y_3[Z_4O_{10}](OH)_2+Y_3(OH)_6$（其中 Y 主要为 Mg、Al、Fe，Z 主要为 Si、Al），蒙皂石 $(Na, Ca)_{0.33}(Al, Mg, Fe)_2[(Si, Al)_4O_{10}](OH)_2 \cdot nH_2O$。黏土矿物化学组成通式为 $xK_2O \cdot yAl_2O_3 \cdot zSiO_2 \cdot mH_2O$，此外还掺杂其他不同的阳离子。

方解石的化学分子式：$CaCO_3$。

2. 化学作用

主要是三元复合驱中的碱与储层岩心及矿物发生作用，在 OH^- 的作用下储层矿物会溶蚀出不同的金属阳离子、SiO_3^{2-} 和 AlO_2^- 等，成为硅铝垢组分的主要成垢来源。

1）碱与长石

三元复合驱中碱与长石的作用，一方面，OH^- 溶蚀长石会产生 SiO_3^{2-} 和 $Al(OH)_3$ 沉淀，这会破坏钾长石结构导致其晶体对称性下降，由于 $Al(OH)_3$ 结晶度较差，故 XRD 未检测到，但钾长石能谱数据中有其存在的证据；另一方面，NaOH 电解出的 Na^+ 可与岩石矿物中的二价阳离子（Ca^{2+}、Mg^{2+} 等）发生离子交换，使采出液中 Ca^{2+}、Mg^{2+} 含量增加，并与长石溶蚀出的 SiO_3^{2-} 反应形成硅酸盐沉淀，也与 OH^- 产生氢氧化物沉淀。另外，NaOH 电解出的大量 Na^+ 会与长石溶蚀出的硅铝离子结合，NaOH 给钠长石更多的结晶析出提供了钠源，促使钠长石的再沉积作用超过溶蚀作用，表现钠长石含量明显变大。此外，SiO_3^{2-} 可能在局部酸性条件下沉淀出原硅酸，脱水形成非晶态二氧化硅至晶体二氧化硅，也是硅垢的重要来源。碱与长石发生的主要反应如下：

$$KAlSi_3O_8 + Na_{1-x}Ca_x[Al_{1+x}Si_{3-x}O_8] + OH^- \longrightarrow Al(OH)_3 + K^+ + Na^+ + Ca^{2+} + SiO_3^{2-}$$

$$Al(OH)_3 + OH^- \longrightarrow AlO_2^- + 2H_2O$$

$$Ca^{2+} + SiO_3^{2-} \longrightarrow CaSiO_3$$

$$Mg^{2+} + SiO_3^{2-} \longrightarrow MgSiO_3$$

$$Ca^{2+} + 2OH^- \longrightarrow Ca(OH)_2$$

$$Mg^{2+} + 2OH^- \longrightarrow Mg(OH)_2$$

$$Na^+ + AlO_2^- + SiO_3^{2-} \longrightarrow NaAlSi_3O_8$$

$$2H^+ + SiO_3^{2-} \longrightarrow H_2SiO_3 \xrightarrow{脱水} SiO_2 + H_2O$$

2）碱与石英

三元复合驱中碱与石英的作用，石英溶蚀出的大量 SiO_3^{2-} 在碱性介质中以胶体形式存在，由于 pH 值的不同有三种存在形式，即 pH＞13.4 时以 $H_2SiO_4^{2-}$ 为主，10.6＜pH＜13.4 时以 $SiO(OH)_3^-$ 为主，pH＜10.6 时以 $Si(OH)_4$ 为主。胶体物质的基本粒子是胶团，胶团在 pH 值下降（即局部酸性环境）或摩擦力、温度变化等条件下发生积聚形成原硅酸，进一步脱水形成不可溶硅垢，即非晶态二氧化硅，非晶态二氧化硅由于热力学、动力学条件的变化晶体逐渐长大，最终生成坚硬的晶体二氧化硅。

上述这种不可溶硅垢及硅铝酸盐垢可为碳酸盐垢提供晶核，碳酸盐垢也可为二氧化硅垢和硅铝酸盐胶体集聚体提供附着表面，故石英碱溶后样品的表面形貌上会出现碳酸盐颗粒物。两者的相互促进作用加速了结垢，其相互促进作用包括共沉淀作用、吸附作用、架桥作用和胶体聚沉作用。共沉淀作用是指一种沉淀物质从溶液中析出时引起某些可溶性物质一起沉淀析出的作用，碳酸盐沉淀的生成速度要快于硅酸盐沉淀，碳酸盐沉淀生成时由于表面吸附作用、包藏作用、生成混晶等原因，会导致体系中硅离子未达到临界成垢浓度也发生沉淀析出；吸附作用是指各种蒸气、气体或者溶液里的溶质被吸着在固体或液体物质表面上的作用，硅酸盐沉淀物一般为黏糊状的非晶质、高含水物质，极易吸附在氧化物或碳酸盐沉淀的表面，因此在碳酸盐垢易生成的条件下硅酸盐垢也易析出；架桥作用是由硅酸凝胶脱水生成无定形二氧化硅的过程中生成的网状结构大分子所产生的，这些网状结构大分子存在很多活性点位，能够吸附悬浮物颗粒和胶体颗粒，使各微粒联结成一个个絮凝体，网状结构在此过程中起到桥梁和纽带的作用，即架桥作用；胶体聚沉作用是硅酸盐胶体粒子小分子之间聚合从而形成硅酸盐垢的过程所产生的，由于硅酸显负电性，故其会与带正电荷的离子或粒子相结合，这种硅酸负离子与其他正离子或粒子互相结合聚沉的作用有利于胶团颗粒的生成。

综上所述，碱与石英发生的主要反应如下：

$$SiO_2 + 2OH^- \longrightarrow SiO_3^{2-} + H_2O$$

$$SiO_3^{2-} + H_2O \longrightarrow H_2SiO_4^{2-}$$

$$H_2SiO_4^{2-} + H_2O \longrightarrow SiO(OH)_3^- + OH^-$$

$$SiO(OH)_3^- + H_2O \longrightarrow Si(OH)_4 + OH^-$$

$$2H^+ + SiO_3^{2-} \longrightarrow H_2SiO_3 \xrightarrow{脱水} SiO_2 + H_2O$$

三元复合驱采出液中硅垢的形成与解体是一个循环的过程，在形成硅垢后硅可以可溶盐的形式在地层流体体系中发生转移，在适宜的条件下再次形成硅垢，当硅垢在地层中沉积时可以再次形成岩石。

3）碱与黏土矿物

三元复合驱中碱与黏土矿物的作用，由于高岭石层状结构中的铝氧八面体较硅氧四面体更容易被破坏，故高岭石与碱作用时 Al 的溶出比 Si 多，即产生的 AlO_2^- 比 SiO_3^{2-} 多；碱中的 Na^+ 可置换出岩石矿物中的二价阳离子（Ca^{2+}、Mg^{2+} 等），这些 Ca^{2+}、Mg^{2+} 与黏土矿物溶蚀出的 SiO_3^{2-} 反应生成硅酸盐沉淀，也与 OH^- 产生氢氧化物沉淀；在局部酸性条件下，有非晶态二氧化硅至晶体二氧化硅的生成。碱与黏土矿物发生的主要反应如下：

$x(K_2O, CaO, MgO) \cdot yAl_2O_3 \cdot zSiO_2 \cdot mH_2O + OH^- \longrightarrow Al(OH)_3 + K^+ + Ca^{2+} + Mg^{2+} + SiO_3^{2-}$

$Al(OH)_3 + OH^- \longrightarrow AlO_2^- + 2H_2O$

$Ca^{2+} + SiO_3^{2-} \longrightarrow CaSiO_3$

$Mg^{2+} + SiO_3^{2-} \longrightarrow MgSiO_3$

$Ca^{2+} + OH^- \longrightarrow Ca(OH)_2$

$Mg^{2+} + OH^- \longrightarrow Mg(OH)_2$

$2H^+ + SiO_3^{2-} \longrightarrow H_2SiO_3 \xrightarrow{脱水} SiO_2 + H_2O$

二、强碱复合体系与地层流体的作用

1. 三元复合驱注入液、地层水及采出液离子组成

三元复合驱注入液、地层水及采出液的离子组成见表3-9。发现三元复合驱块油层原始地层水中的Ca^{2+}、Mg^{2+}为10mg/L左右，在三元复合驱后采出的地层水中浓度变为0mg/L；Al^{3+}在三元复合驱采出液中浓度为0说明岩石矿物溶出的Al^{3+}全部参与了再沉积作用形成硅铝垢；而CO_3^{2-}浓度从原来的100mg/L左右上升至2000mg/L左右。

表3-9 三元复合驱注入液、地层水及采出液的离子组成

序号	分析项目	大庆油田三元复合驱区块		
		注入液	地层水	采出液
1	pH值	13.76	8.84	10.34
2	矿化度	13300	5980	8510
3	Ca^{2+}/(mg/L)	18	13	0
4	Mg^{2+}/(mg/L)	0	8.15	0
5	Si^{4+}/(mg/L)	52.59	27.18	278.14
6	Al^{3+}/(mg/L)	0.11	0	0
7	Fe^{3+}/(mg/L)	0.03	0.08	0.09
8	OH^-/(mg/L)	3170	0	0
9	HCO_3^-/(mg/L)	0	2520	2130
10	CO_3^{2-}/(mg/L)	2500	125	1870
11	SO_4^{2-}/(mg/L)	60.5	30.3	469

注：Si^{4+}以SiO_2形式存在。

2. 化学作用

三元复合驱在储层岩心内流动时，其中的碱离解出的 OH^- 会与岩石孔隙、裂缝空气中的 CO_2 和地层流体中以溶解态形式存在的 CO_2 发生如下反应，产生 CO_3^{2-}：

$$CO_2 + OH^- \longrightarrow HCO_3^-$$
$$HCO_3^- + OH^- \longrightarrow CO_3^{2-} + H_2O$$

因此三元复合驱采出液中的 CO_3^{2-} 含量会随着投入碱浓度的增大而增多，与地层流体中的 Ca^{2+}、Mg^{2+} 发生作用不断析出碳酸钙、碳酸镁等沉淀，但其含量较少不易观察到，只在石英的能谱测试和表面形貌观察中发现了碳酸盐沉淀存在的证据，因为石英碱溶产生的晶体二氧化硅可与碳酸盐垢相互促进加速结垢。此外，地层流体中本身存在的 Ca^{2+}、Mg^{2+}、HCO_3^- 均可直接与三元复合驱中碱离解的 OH^- 反应生成碳酸盐和氢氧化物沉淀，是结垢组分的另一个重要来源。碱与地层流体发生的主要反应如下：

$$Ca^{2+} + CO_3^{2-} \longrightarrow CaCO_3$$
$$Mg^{2+} + CO_3^{2-} \longrightarrow MgCO_3$$
$$HCO_3^- + OH^- \longrightarrow CO_3^{2-} + H_2O$$
$$Ca^{2+} + OH^- \longrightarrow Ca(OH)_2$$
$$Mg^{2+} + OH^- \longrightarrow Mg(OH)_2$$
$$Ca^{2+} + SO_4^{2-} \longrightarrow CaSO_4$$
$$Ca(HCO_3)_2 \longrightarrow CaCO_3 + CO_2 + H_2O$$

三、结垢机理探讨

结垢过程是不同浓度的成垢离子在一定的物理化学条件下，在设备表面和地层空隙中结晶和聚集的过程，垢的形成过程可简单表示为：水溶液 → 过饱和状态 → 结晶析出 → 结晶长大 → 结垢。从垢的形成条件来看，溶液过饱和状态、结晶的沉淀与溶解、与表面接触时间等是关键因素，溶液达到过饱和状态是结垢的首要条件。过饱和度一般与温度、压力、成垢离子浓度、pH 值和地层水矿化度有关，过饱和度除了受溶解度影响外，还受化学热力学、结晶动力学、流体动力学等多种因素的影响。从三元复合驱化学剂注入到采出地层中的成垢影响因素有压力、pH 值、硅、铝、钙、镁等离子浓度、地层水矿化度等，影响结垢的因素非常复杂。当这些条件发生某些改变时就可能引起油田采出系统结垢。下面着重介绍影响三元复合驱岩心试验区结垢的主要外在因素——温度、压力、pH 值和流体流速。

（1）温度。温度主要影响结垢物质在体系中的溶解度，大部分结垢物质的溶解度都随温度的降低而降低，相应地垢析出的也就越多。当三元复合驱化学剂进入地层后体系温度升高，致使地层岩石矿物化学组分的溶解度明显增加，采出液中各种成垢离子的溶解量便会增大，而且温度升高时地层流体中 HCO_3^- 的分解也会加剧，产生更多的 CO_3^{2-} 成垢离子。当采出液逐渐到达地表被采出时由于温度骤降各成垢离子的溶解度便下降，从而产生沉淀发生结垢现象。另外，适宜的温度有助于体系中细菌的生长，大量细菌会对油管、井筒等造成腐蚀，产生大量腐蚀垢。总之，地层深部较高的温度和地表附近骤降的温度条件有利于结垢。

（2）压力。压力对碳酸盐的结垢影响最大，随着压力降低，大量 CO_2 会从体系中逸出，促进地层流体中 $Ca(HCO_3)_2 \longrightarrow CaCO_3 + CO_2 + H_2O$ 这个反应向右进行，加快了碳酸钙垢的生成。对于油田井筒来说，从地层到地面的压力是逐渐降低的，因此碳酸钙垢结垢的趋势从井下到井上是不断增大的。

（3）pH 值。体系溶液 pH 值过高时，将会大大促进各类型垢的生成；pH 值太低又会对采油设备造成腐蚀，产生大量腐蚀垢。

（4）流体流速。各类型沉积垢的生长速率随着流体流速的降低而增大，这主要是因为流体流速降低在减小垢的沉积速率的同时，会同时减小垢的剥蚀速率，且对后者的减小作用更为显著，因而造成垢总的生长速率是增大的。另外，流速降低时介质中携带的固体颗粒物和微生物排泄物更容易沉积下来，油田管道结垢的概率会明显增大。

随着三元复合驱中投入碱浓度的增大，OH^- 的浓度不断增大，在碱性条件下岩心矿物的表面负电性会增大，聚合物的水解度会增大，这样聚合物与岩石间的斥力会增加，聚合物在岩心表面的吸附量就会降低。地层介质环境碱性的增强与聚合物在岩石上的吸附量降低共同导致三元复合驱中碱对岩石的溶蚀作用增强，即对地层岩心的伤害程度增大。

岩石矿物被碱溶蚀伤害以后，硅铝元素以硅铝可溶盐的形式进入地层流体中并随其不断迁移，这样三元复合驱采出液中的 SiO_3^{2-}、AlO_2^- 浓度相应增大，加之地层流体中 HCO_3^- 与高浓度 OH^- 反应会产生大量的 CO_3^{2-} 以及地层流体中本身存在的 Ca^{2+}、Mg^{2+} 等成垢离子，采出液中的 SiO_3^{2-}、AlO_2^-、Ca^{2+}、Mg^{2+}、CO_3^{2-} 等成垢离子在高浓度 OH^- 条件下会暂时处于一种平衡状态。当这种处于平衡状态的采出液流体通过地层并随同油气进入井筒等采出井近井地带时，采出液周围介质环境的温度、压力会发生骤降，动力学条件也会突然发生变化，加之不同 pH 值、不同硬度的地层水与之混相，采出液中所溶解的成垢离子的平衡状态便被打破。采出液溶解矿物的能力随即下降，即出现过饱和现象，导致大量化学沉淀生成，进而形成大量的硅铝酸盐及二氧化硅、碳酸盐、氢氧化物沉积垢。生成的硅铝酸盐及二氧化硅吸附在结垢初期形成的碳酸盐垢及一些氢氧化物垢表面，进一步形成大量的混合垢，在井下及近井地带、油井设备附近等处造成严重的结垢问题。

四、结垢对储层物性的影响

储层中的矿物对碱敏感，可造成地层伤害与岩石碱耗。图 3-11 为岩心在碱中静态溶蚀前后的环境扫描电镜照片。照片左半图为浸泡前的状态，右半图为浸泡后的状态。从图中可以看到，在静态条件下碱对地层矿物的溶蚀很明显。在动态条件下溶蚀的化学反应不易达到平衡，可以预见其溶蚀作用必然更明显。由于碱蚀作用，三元复合驱将会改变储层的孔隙结构，原有的渗流通道会受到一定的破坏或堵塞，对油藏开发造成负面影响。

图 3-12 为天然岩心碱驱后成矿现象的环境扫描电镜照片，可以观察到晶体的形成，左半图为形成的晶体全貌，右半图为放大的新生矿物。取新生晶体样进行分析，其主要成

分为硅酸钙。据此现象可以推测,在复合驱过程中,矿物溶蚀后的溶液中离子的运移与沉淀都很显著,溶蚀与沉淀必然会导致地层孔隙结构的改变,造成不同程度的油藏伤害。

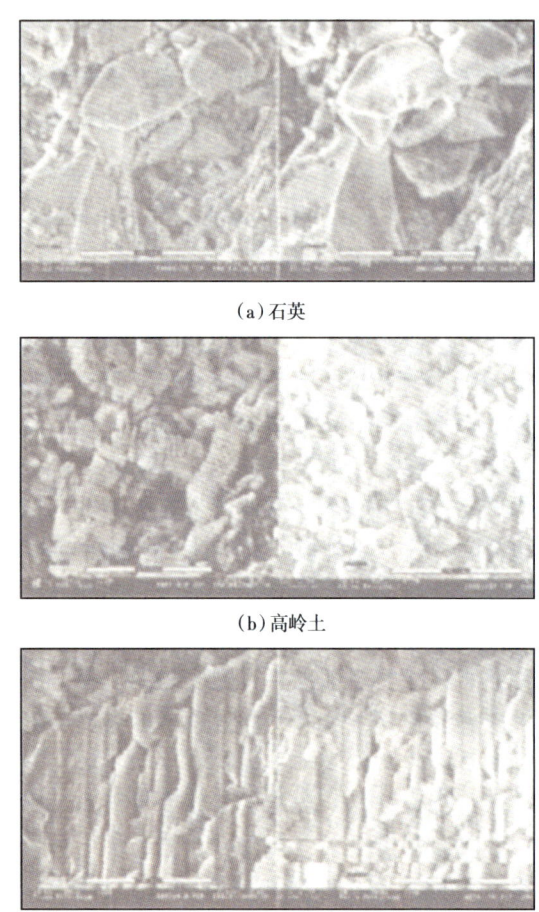

(a)石英

(b)高岭土

(c)长石

图3-11 天然岩心浸泡前后石英、高岭土、长石的溶蚀

图3-12 天然岩心碱驱后的成矿现象

第四节 碱溶蚀和结垢数学模型

  针对化学复合驱储层溶蚀结垢复杂机理，建立量化表征模型，使数值模拟技术更加准确描述化学复合驱油过程储层结垢沉淀对开发效果的影响。建立了储层中二价阳离子与碱结垢作用反应动力学模型以及碱溶蚀作用生成硅和铝离子动力学模型，可以从动力学反应平衡角度描述在储层中碱与油藏矿物质发生的复杂结垢沉淀反应过程；建立了碱溶蚀结垢动力学速度对油藏渗透率和孔隙度影响关系数学模型，量化表征了化学复合驱储层结垢沉淀对驱油效果的影响规律。可准确模拟储层结垢沉淀造成渗透率下降并导致注入能力降低的规律，可进行化学复合驱机理研究、开发方案优化设计和效果评价，具有较强的实用性。

一、三元复合体系与储层矿物作用的动力学模型

  化学复合体系注入液（尤其是强碱）进入地层后，形成一个新的由注入化学剂、地层岩心矿物、储层地下水、含溶解气原油组成的相互作用的复杂体系，会发生离子交换、碱溶蚀和溶解沉淀反应。通过实验方法测定三元复合体系与储层矿物作用的动力学模型。

1. 实验材料

  实验用储层矿物粉末 3 种，分别为纯度超过 90% 的钾长石、石英、高岭石；实验用岩心粉末 3 种：大庆油田三元复合驱先导性矿场试验，南五区、杏树岗、喇嘛甸地区岩心。将以上矿物、岩心粉末人工研磨过 360 目筛，取粒径小于 360 目（约 40 μm）的样品进行后续实验。

  实验用三元复合驱替试剂，聚合物为分子量 2.5×10^7 的部分水解聚丙烯酰胺，浓度为 1800mg/L；表面活性剂为分子量约 430 的烷基苯磺酸盐，质量分数为 50%；所用强碱为氢氧化钠溶液，所用弱碱为碳酸钠溶液。

2. 实验步骤

  （1）配制 NaOH 浓度分别为 0mol/L、0.1mol/L、0.3mol/L 的强碱三元复合体系，其中聚合物浓度均为 1.8g/L，表面活性剂浓度均为 3.0g/L；另外配制碱浓度分别为 0mol/L、0.1mol/L、0.3mol/L 的纯 NaOH 强碱体系。此碱浓度范围可使三元复合驱与原油达到超低界面张力 10^{-3}mN/m 数量级。另外，石英参与的体系需要额外配制 0.6mol/L、1.0mol/L 的浓度梯度。

  （2）反应体系为 40mL 的三元复合体系或强碱体系，矿物或岩心粉末投入量为 0.05g/mL，将上述两者在 50mL EP 管中混合均匀，用聚四氟乙烯胶带密封管口以防渗漏；设置两个空白对照，分别为无矿三元复合体系和无矿纯强碱体系，碱浓度均为 0.3mol/L。

  （3）在 PH-140（A）干燥/培养二用箱中，不同碱浓度梯度的反应体系一同放置在 SRT-202 滚轴式混合器上，温度条件为 45℃ 恒温（模拟储层温度），混合器转速为 75r/min，反应两个月左右（个别出现渗漏的体系会提前撤出）。

  （4）每隔一定时间从反应体系中取样约 0.5mL，经过离心、取上清液、稀释后用于 Si、Al 浓度的测试；两个月后反应结束时，对整个体系进行离心，然后洗涤并烘干沉淀，

得到碱溶后的固体样品，进行后续的测试表征。

3. 储层矿物与三元复合体系作用动力学模型

通过储层矿物粉末、岩心粉末与三元复合体系作用的 Si、Al 浓度 ICP 测试数据，Si、Al 浓度随时间的变化曲线如图 3-13 至图 3-24 所示。观察并总结 Si、Al 的溶出速率变化趋势，给出储层矿物与三元复合体系作用动力学模型。

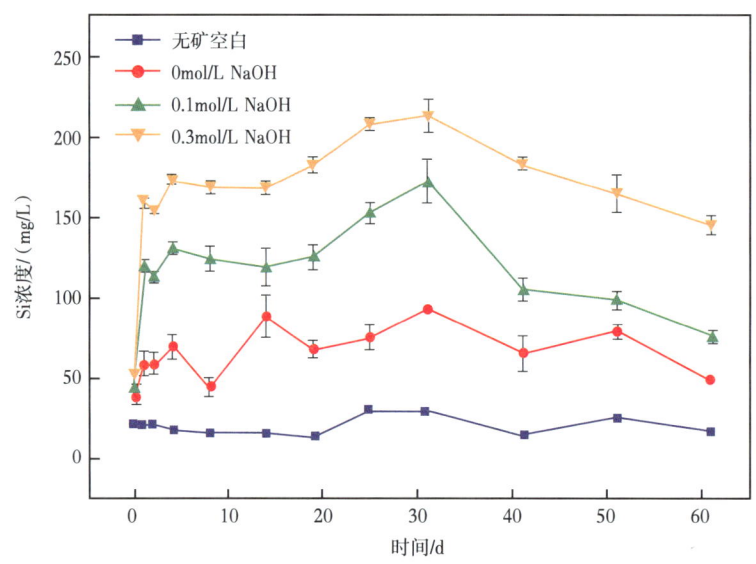

图 3-13 钾长石—三元复合体系的 Si 浓度变化曲线

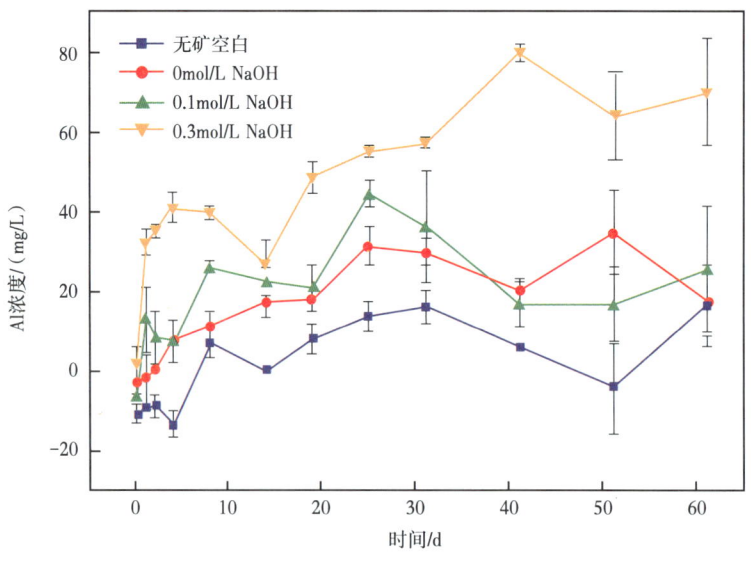

图 3-14 钾长石—三元复合体系的 Al 浓度变化曲线

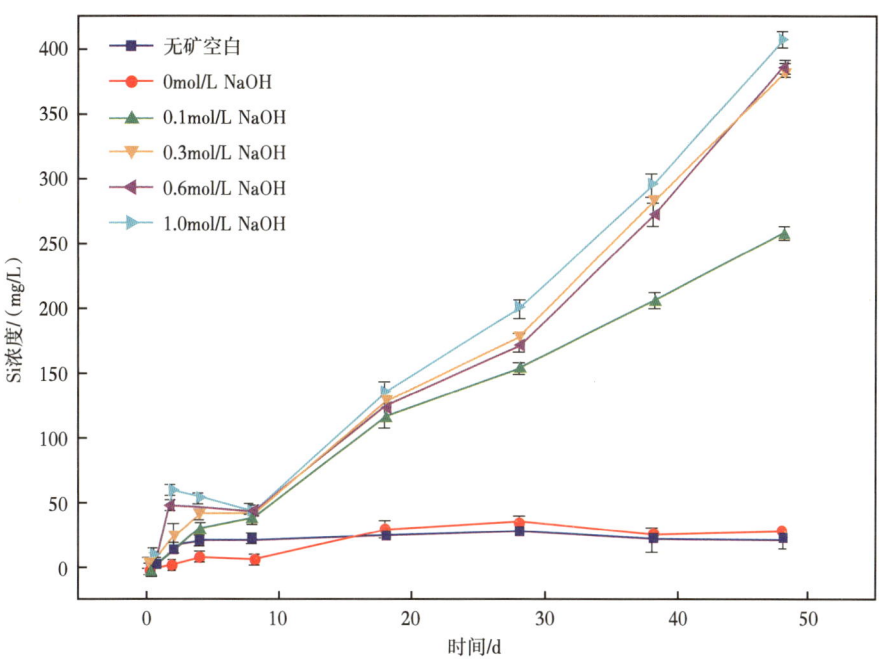

图 3-15 石英—纯碱体系的 Si 浓度变化曲线

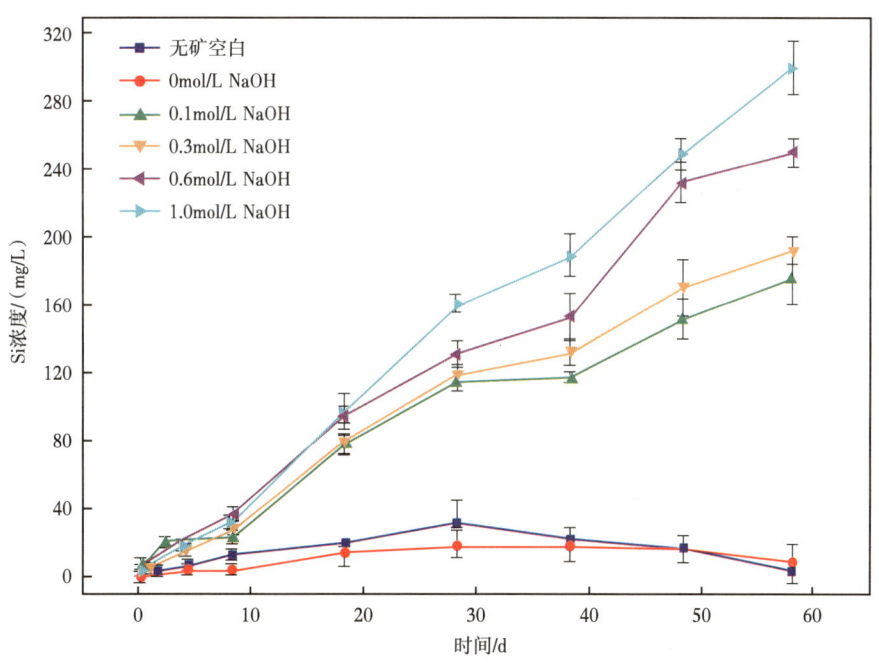

图 3-16 石英—三元复合体系的 Si 浓度变化曲线

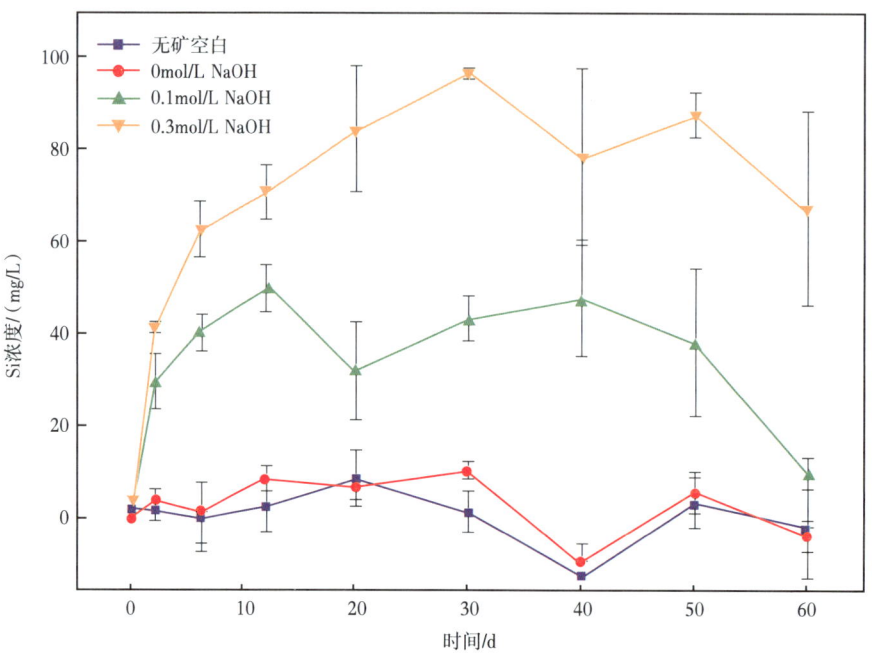

图 3-17　高岭石—三元复合体系的 Si 浓度变化曲线

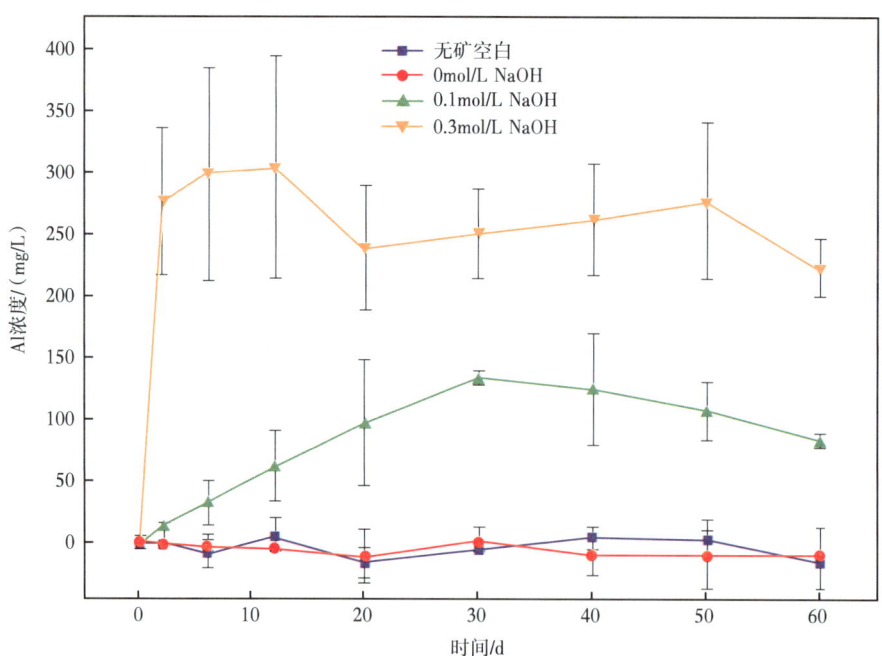

图 3-18　高岭石—三元复合体系的 Al 浓度变化曲线

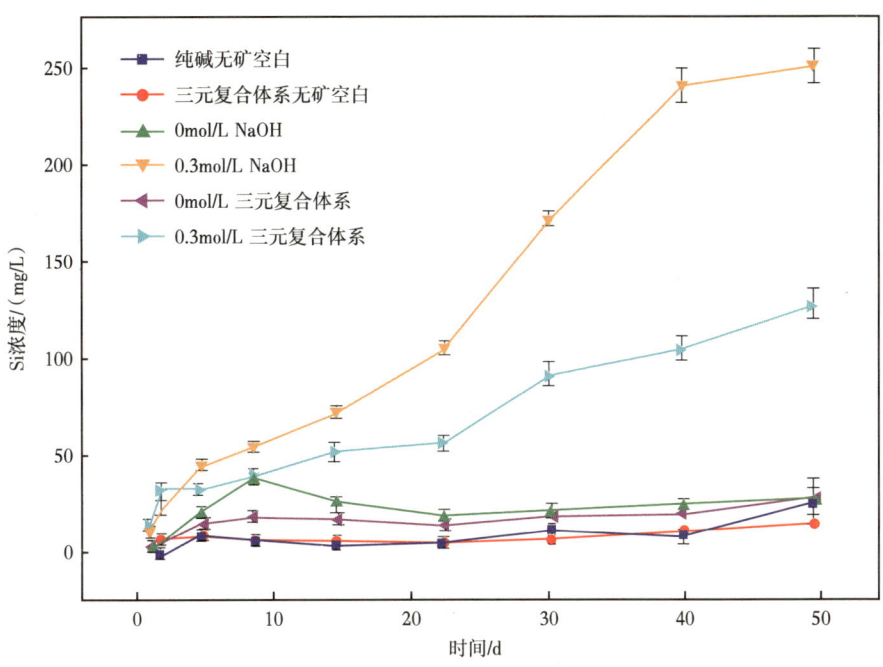

图 3-19　南五区岩心—纯碱、三元复合体系的 Si 浓度变化曲线

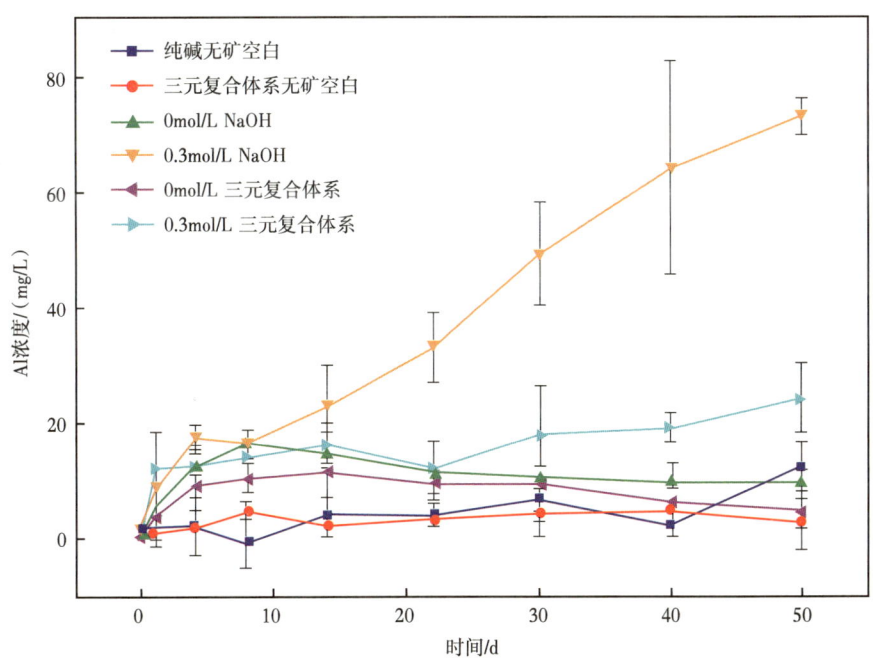

图 3-20　南五区岩心—纯碱、三元复合体系的 Al 浓度变化曲线

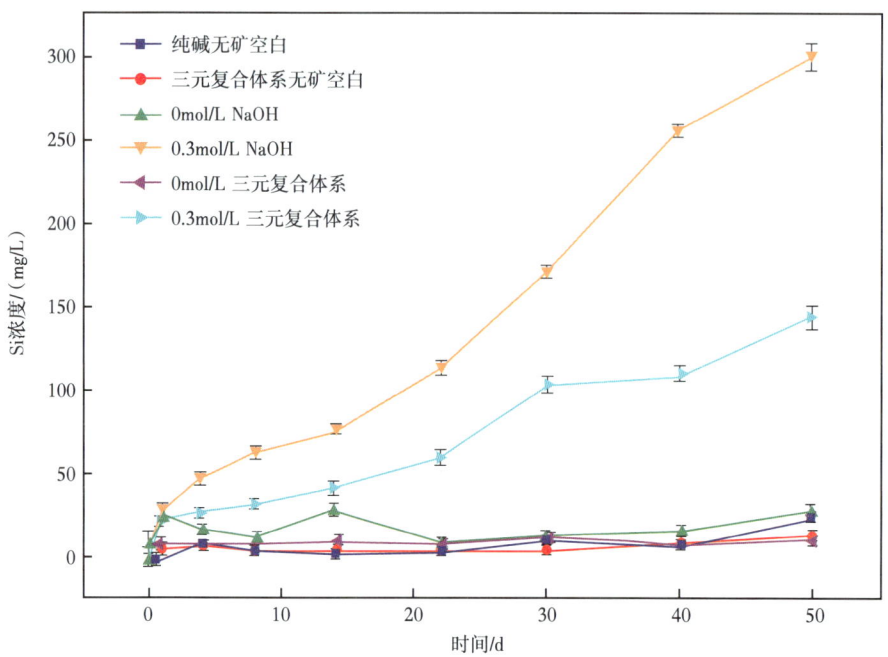

图 3-21 杏树岗岩心—纯碱、三元复合体系的 Si 浓度变化曲线

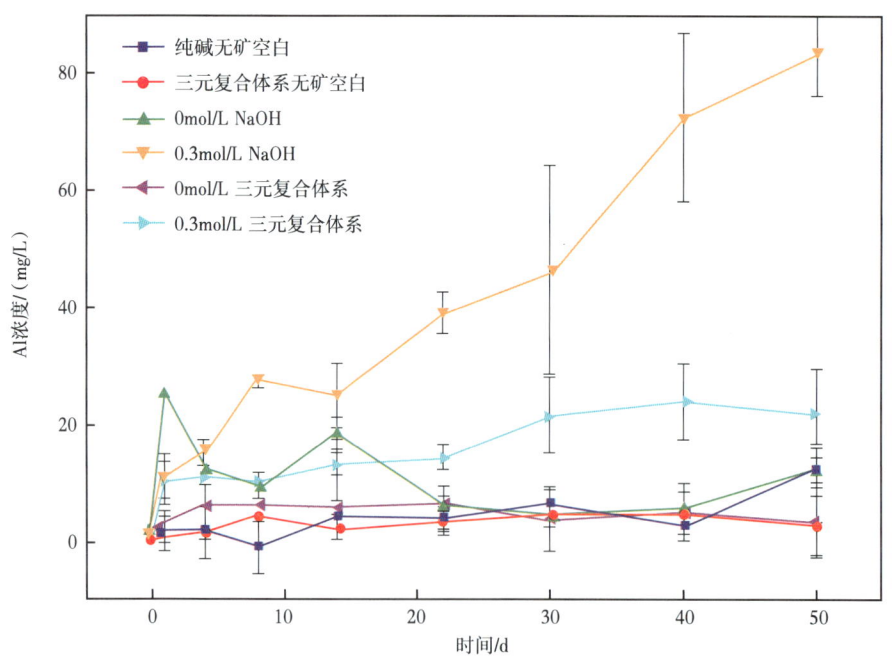

图 3-22 杏树岗岩心—纯碱、三元复合体系的 Al 浓度变化曲线

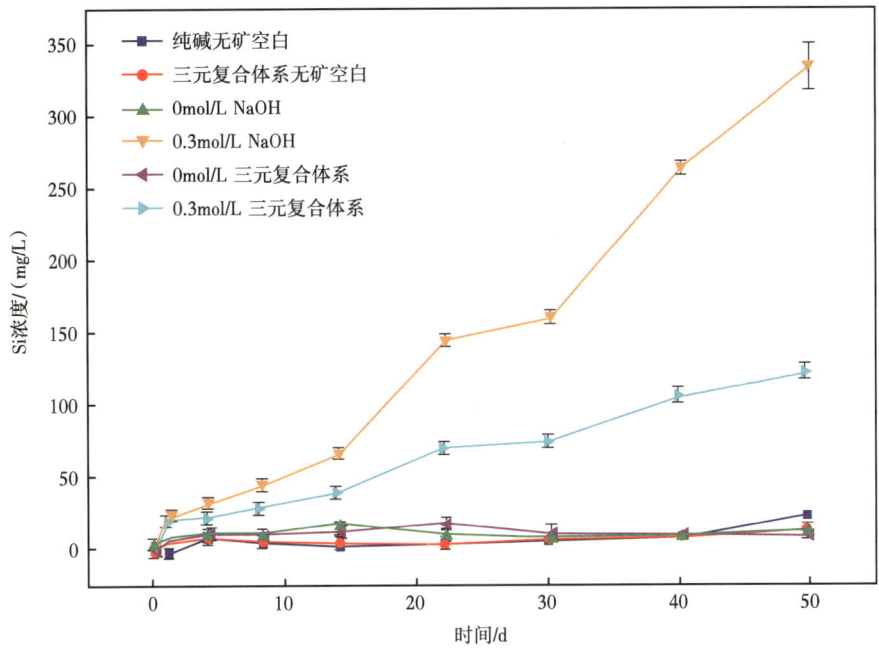

图 3-23 喇嘛甸岩心—纯碱、三元复合体系的 Si 浓度变化曲线

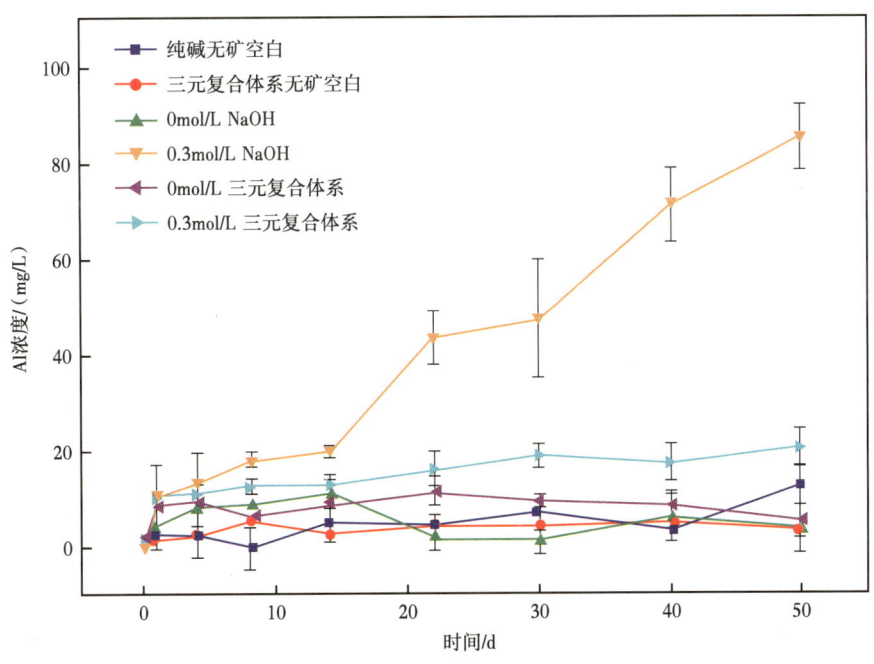

图 3-24 喇嘛甸岩心—纯碱、三元复合体系的 Al 浓度变化曲线

储层岩心反应动力学模型可用于定量计算三元复合驱液对岩心的溶蚀量，对预测结垢量、结垢时间及结垢趋势变化有一定的指导意义。采用 Origin Pro8.0 软件对各反应体系 Si、Al 浓度随时间变化的数据进行拟合计算，在初始碱浓度 0.3mol/L 时得到南五区、杏树岗、喇嘛甸岩心与强碱复合驱液作用的 Si、Al 溶出动力学方程微分形式如下：

南五区：

$$dC_{Si}/dt = 0.0032t^2 + 1.956t + 20.73 \quad (3-15)$$

$$dC_{Al}/dt = 1.6742t^{\frac{48}{125}} + 12.187 \quad (3-16)$$

杏树岗：

$$dC_{Si}/dt = 2.6056t + 11.968 \quad (3-17)$$

$$dC_{Al}/dt = 5.2683t^{\frac{41}{100}} \quad (3-18)$$

喇嘛甸：

$$dC_{Si}/dt = 2.491t + 12.694 \quad (3-19)$$

$$dC_{Al}/dt = 6.1671t^{\frac{8}{25}} \quad (3-20)$$

式中　C_{Si}——体系 Si 浓度，mg/L；

C_{Al}——体系 Al 浓度，mg/L；

t——反应时间，d。

二、结垢对储层物性影响

为了研究碱（NaOH）、表面活性剂、聚合物在储层中渗流时，由于储层伤害、结垢对驱替效果影响，进行了天然岩心的渗流实验。

1. 单一化学剂储层岩心流动实验

首先考虑单因素的影响，即用单一的碱、表面活性剂、聚合物进行驱替实验。实验在油层温度（45℃）下进行。把岩心饱和地层水后充分浸泡三天，测定盐水渗透率，再用单一化学剂驱替饱和、浸泡后，测定化学剂渗透率和盐水渗透率。整个实验过程是在流量很低的情况下进行的。

1）碱溶液的岩心流动实验

实验用的碱溶液的浓度与现场三元复合体系配方中碱的浓度相同，即 1.2%，采用现场注入水配制。图 3-25、图 3-26 分别为两块岩心的碱水驱替实验结果。从碱水驱的实验结果可以看出，碱水驱替后，地层水渗透率下降幅度很大。主要原因是碱与黏土矿物和岩石骨架作用，形成一定数量的钙垢、硅酸盐垢、铝酸盐垢等，在孔喉处形成堵塞，导致渗透率下降，这与前面碱与岩心的相互作用结果一致。

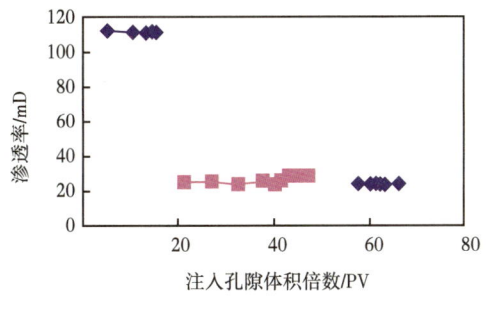
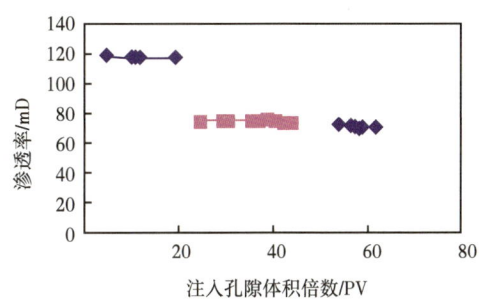

图 3-25　11-5 号岩样碱流动实验结果　　　　图 3-26　11-1 号岩样碱流动实验结果

2）表面活性剂岩心流动实验

实验用表面活性剂的浓度为 0.3%，用大庆油田第四采油厂杏二区注入水配制。图 3-27 和图 3-28 分别为两块岩心的表面活性剂驱替实验结果。表面活性剂驱替后，岩心的地层水渗透率基本不下降或下降很小，说明表面活性剂对地层没有伤害。

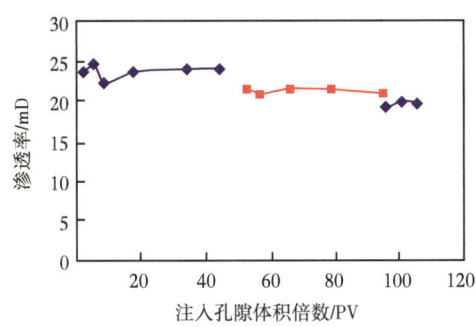
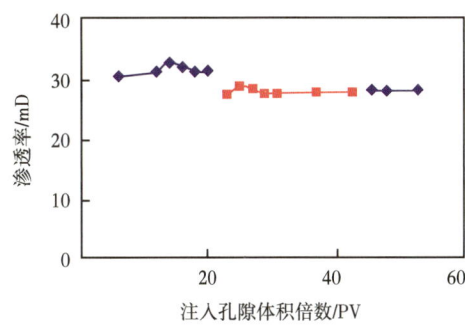

图 3-27　6-1 号岩样表面活性剂流动实验结果　　图 3-28　1-4 号岩样表面活性剂流动实验结果

3）聚合物的岩心流动实验

实验用聚合物浓度为 2300mg/L。图 3-29 和图 3-30 给出了实验结果。聚合物驱替后，地层水渗透率大幅度下降。聚合物与各种单矿物的实验结果表明，不存在化学作用。渗透率下降的原因是聚合物在通过岩心时，由于捕集作用使聚合物在孔隙中滞留，导致渗透率降低。

2. 三元复合体系岩心流动实验

流动实验采用大庆油田第四采油厂杏二区试验区三元复合驱主段塞的配方，即 1.2%NaOH+0.3%ORS-41+2300mg/L HPAM，用杏二区注入水配制，进行了三元复合体系的岩心流动实验。

为了更好地模拟三元复合体系在储层内的流动，制作了新型夹持器，岩心夹持器长为 40cm，夹持器上设有三个测压孔，每隔 10cm 一个，可装直径为 3.8cm 的岩心，岩心的净长度为 40cm。

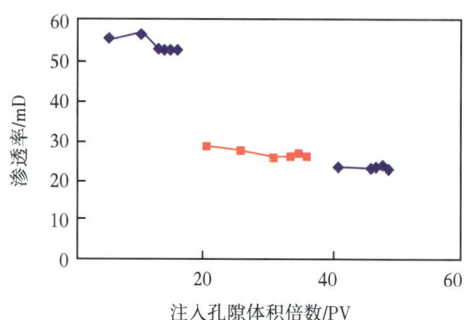
图 3-29　18-2 号岩样聚合物流动实验结果

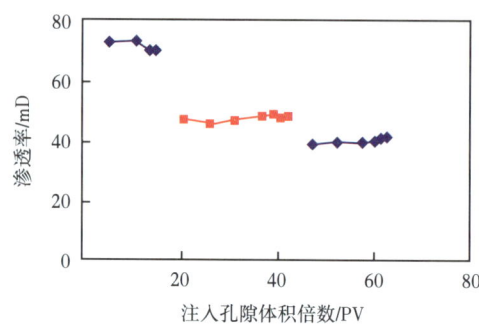
图 3-30　15-3 号岩样聚合物流动实验结果

实验用岩心直径为 3.8cm，长度为 32.13cm，空气渗透率为 1093.3mD。实验在油层温度（45℃）下进行。把岩心饱和地层水后充分浸泡三天，测定盐水渗透率，再用三元复合体系混合液驱替饱和、浸泡后，测定三元复合体系混合液渗透率和盐水渗透率。图 3-31 是三元复合体系混合液驱后的实验结果。可以看出，地层水的渗透率下降幅度较大。主要原因是碱与岩心中的黏土矿物及骨架作用形成垢，在孔喉处形成堵塞，以及聚合物在孔隙中的滞留。

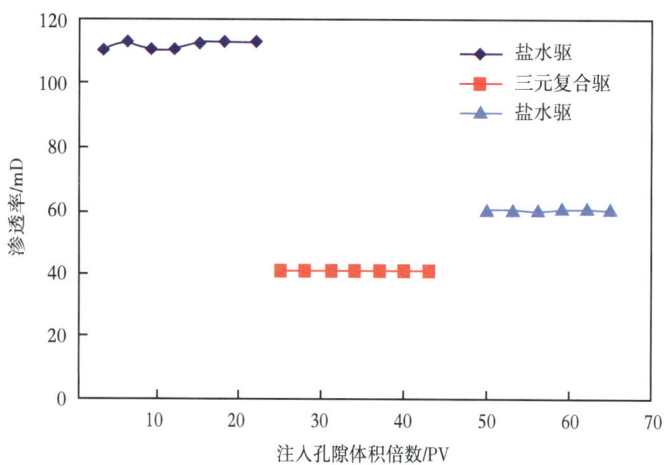

图 3-31　三元复合体系混合液驱替前后岩心渗透率的变化

三、碱化学反应对驱油影响数学模型

1. 二价阳离子与碱结垢作用反应动力学模型

为了简化起见，将储层中所有二价阳离子看作一个拟组分，总体二价阳离子与碱结垢作用反应动力学模型为：

$$\frac{dC_{Ca}}{dt} = (A_1 C_a + B_1) \cdot t^\alpha + R_1 \quad (3-21)$$

式中　C_{Ca}——二价阳离子总浓度；

　　　t——时间；

A_1，B_1，R_1，α——由实验数据确定的参数。

2. 碱溶蚀作用生成硅和铝离子动力学模型

储层中碱与岩石矿物溶蚀反应过程中会产生硅和铝离子，即 SiO_3^{2-}、AlO_2^-，这些离子将与地层中的阳离子结合生成沉淀，形成硅垢和铝垢。由此建立碱与矿物溶蚀反应生成硅和铝离子动力学模型为：

$$\frac{dC_{Si}}{dt} = (A_2 C_{Si} + B_2) \cdot t^{\beta} + R_2 \qquad (3-22)$$

$$\frac{dC_{Al}}{dt} = (A_3 C_{Al} + B_3) \cdot t^{\gamma} + R_3 \qquad (3-23)$$

式中　C_{Si}——硅离子浓度；

C_{Al}——铝离子浓度；

A_2，A_3，B_2，B_3，R_2，R_3，β，γ——由实验数据确定的参数。

3. 碱结垢对储层物性影响数学模型

碱与储层矿物发生物理化学作用产生结垢沉淀，持续的化学沉淀交替沉积在储层岩石表面，造成地层伤害，传导渗透能力降低，注采能力下降。为此，建立了结垢沉淀对储层渗透率和孔隙度影响关系数学模型。

结垢沉淀对渗透率影响关系模型：由于结垢沉淀引起的渗透率变化表征为二价阳离子、硅离子、铝离子动力学反应速率和地层压力的函数：

$$K = K_0 \cdot \frac{1}{1 + \left(V_{Ca} \dfrac{dC_{Ca}}{dt} + G_{Si} \dfrac{dC_{Si}}{dt} + H_{Al} \dfrac{dC_{Al}}{dt}\right) \cdot F_1(p)} \qquad (3-24)$$

式中　K——油藏渗透率；

$F_1(p)$——压力对碱结垢与渗透率影响关系；

V_{Ca}，G_{Si}，H_{Al}——由实验数据确定的参数；

K_0——油藏原始渗透率。

结垢沉淀对孔隙度影响关系模型：由于结垢沉淀引起的孔隙度变化表征为二价阳离子、硅离子、铝离子动力学反应速率和地层压力的函数：

$$\phi = \phi_0 \cdot \frac{1}{1 + \left(W_{Ca} \dfrac{dC_{Ca}}{dt} + P_{Si} \dfrac{dC_{Si}}{dt} + Q_{Al} \dfrac{dC_{Al}}{dt}\right) \cdot F_2(p)} \qquad (3-25)$$

式中　ϕ——油藏孔隙度；

$F_2(p)$——压力对碱结垢与孔隙度影响关系；

W_{Ca}，P_{Si}，Q_{Al}——由实验数据确定的参数；

ϕ_0——油藏原始孔隙度。

第四章 数学模型和求解方法

数值模拟的主要内容是建立数学模型、数值模型和计算机模型。因此，要用数值模拟的方法研究油田开发问题，必须首先根据油藏的实际渗流情况建立数学模型，即建立基本渗流方程式及相应的定解条件，形成一个完整的数学方程组。

对于一个开展化学驱油的油藏来说，随着化学驱油体系的注入，油藏中会发生复杂的物理化学作用，包括多相流体在重力、毛管力及黏滞力作用下在孔隙介质中的复杂渗流，相间质量交换，化学剂与油藏物质物理化学反应，储层岩石和流体渗流性质的变化。因此，数学模型要很好地描述化学驱过程油藏中渗流规律，就必须考虑上述各种物理化学作用。此外，数学模型还应考虑油藏的非均质性和油藏的几何形状等。本章首先给出数学模型的基本构成和建立步骤，然后简单介绍数学模型的定解条件，最后给出数学模型的求解方法。

第一节 基本数学模型

建立的三维三相多组分数学模型中，3个相包括水相、油相和气相，多组分包括水、油、气、聚合物、表面活性剂、碱、阴离子和阳离子。油组分以油相的形式存在，气组分以气相的形式存在，水、聚合物、表面活性剂、碱、阴离子和阳离子组分都存在于水相中。

模型基本假设为：油藏等温弥散过程满足 Fick 定律，理想混合，流体渗流满足达西（Darcy）定律，聚合物以及各种离子存在于水相中。

一、数学模型的构成

建立描述油藏中流体渗流基本特征的数学模型时，需要用到运动方程、状态方程、质量守恒方程、能量守恒方程等。图 4-1 所示为数学模型的基本构成方程。

1. 守恒方程

数学模型中的守恒包括油、气、水三个组分质量守恒方程和各种化学组分质量守恒方程。

质量守恒定律可以描述如下：在地层中任取一个微小的单元体，如果在单元体内没有源和汇的存在，那么包含在单元体封闭表面内的液体质量变化等于同一时间间隔内液体流入质量与流出质量之差。用质量守恒定律建立起来的方程称为质量守恒方程或连续性方程。

$$\text{数学模型} \begin{cases} \text{守恒方程} \begin{cases} \text{质量守恒方程} \\ \text{能量守恒方程} \end{cases} \\ \text{运动方程} \begin{cases} \text{渗流方程} \begin{cases} \text{达西渗流} \\ \text{非达西渗流} \end{cases} \\ \text{扩散方程（Fick定律）} \\ \text{导热方程（Fourier定律）} \end{cases} \\ \text{状态方程} \begin{cases} \text{流体状态方程} \\ \text{岩石状态方程} \end{cases} \\ \text{驱油机理方程} \begin{cases} \text{聚合物黏度—浓度关系方程} \\ \text{聚合物溶液流变性方程} \\ \text{聚合物吸附方程} \\ \text{渗透率下降系数方程} \\ \cdots\cdots \end{cases} \\ \text{定解条件} \begin{cases} \text{边界条件} \\ \text{初始条件} \end{cases} \end{cases}$$

右侧：质量守恒方程组／能量守恒方程组 ⇒ 偏微分方程组

图 4-1　数学模型的基本构成方程

油气水渗流质量守恒方程用数学公式表示如下：

$$-\mathrm{div}\left(\frac{1}{B_\mathrm{o}}u_\mathrm{o}\right) = \frac{\partial}{\partial t}\left(\frac{1}{B_\mathrm{o}}\phi S_\mathrm{o}\right) + q_\mathrm{o} \qquad (4\text{-}1\mathrm{a})$$

$$-\mathrm{div}\left(\frac{1}{B_\mathrm{w}}u_\mathrm{w}\right) = \frac{\partial}{\partial t}\left(\frac{1}{B_\mathrm{w}}\phi S_\mathrm{w}\right) + q_\mathrm{w} \qquad (4\text{-}1\mathrm{b})$$

$$-\mathrm{div}\left(\frac{R_\mathrm{s}}{B_\mathrm{o}}u_\mathrm{o} + \frac{1}{B_\mathrm{g}}u_\mathrm{g}\right) = \frac{\partial}{\partial t}\left[\phi\left(\frac{R_\mathrm{s}}{B_\mathrm{o}}S_\mathrm{o} + \frac{S_\mathrm{g}}{B_\mathrm{g}}\right)\right] + q_\mathrm{g} + q_\mathrm{o}R_\mathrm{s} \qquad (4\text{-}1\mathrm{c})$$

式中，l 相流速 u_l 利用达西定律表示为：

$$u_l = \frac{KK_{rl}}{\mu_l}\left(\mathrm{grad}\, p_l - \rho_l g\cdot \mathrm{grad}\, Z\right),\quad l = \mathrm{w, o, g} \qquad (4\text{-}2\mathrm{a})$$

$$p_\mathrm{o} - p_\mathrm{w} = p_\mathrm{cow} \qquad (4\text{-}2\mathrm{b})$$

$$p_\mathrm{g} - p_\mathrm{o} = p_\mathrm{cog} \qquad (4\text{-}2\mathrm{c})$$

式中 B_l——l 相的体积系数，m³/m³；

ϕ——油藏孔隙度；

p_l——l 相压力，kPa；

S_l——l 相的饱和度；

K——绝对渗透率，D；

K_{rl}——l 相的相对渗透率；

μ_l——l 相的黏度，mPa·s；

ρ_l——l 相的密度，kg/m³；

R_s——溶解气油比，m³/m³；

q_l——l 相的源汇项，m³/d；

p_{cow}，p_{cog}——油水相间毛管力和油气相间毛管力，kPa；

Z——距离，m；

w，o，g——水相、油相和气相。

化学驱数值模拟过程中，应用达西定律给出以第 i 种物质组分总浓度 $\tilde{C}_i$ 形式表达的 i 种物质组分的质量守恒方程为：

$$\frac{\partial}{\partial t}\left(\phi \rho_i \tilde{C}_i\right) + \text{div}\left[\sum_{l=1}^{n_p} \rho_i \left(C_{il} u_l - \tilde{D}_{il}\right)\right] = Q_i \tag{4-3}$$

式中 C_{il}——l 相中第 i 种物质组分的浓度；

l——第 l 相；

ρ_i——第 i 种物质组分的密度，kg/m³；

Q_i——源汇项，kg；

n_p——相数；

$\tilde{C}_i$——第 i 种物质组分的总浓度，表示为第 i 种物质组分在所有相（包括吸附相）中的浓度之和；

$\tilde{D}_{il}$——弥散流量。

$$\tilde{C}_i = \left(1 - \sum_{i=1}^{n_{cv}} \hat{C}_i\right) \sum_{l=1}^{n_p} S_l C_{il} + \hat{C}_i \tag{4-4}$$

式中 n_{cv}——占有体积的物质组分总数；

$\hat{C}_i$——组分 i 的吸附浓度。

组分 i 的密度 ρ_i 是压力的函数：

$$\rho_i = \rho_i^0 \left[1 + C_i^0 (p - p_r)\right] \tag{4-5}$$

式中 ρ_i^0——参考压力下组分 i 的密度；

p——压力，kPa；

p_r——参考压力,kPa;

C_i^0——组分 i 的压缩系数。

孔隙度 ϕ 与压力的函数关系为:

$$\phi = \phi_0 \left[1 + C_r \left(p - p_r \right) \right] \tag{4-6}$$

式中 C_r——岩石的压缩系数。

相流量 u_l 满足达西定律:

$$\boldsymbol{u}_l = -\frac{\boldsymbol{K} K_{rl}}{\mu_l} \cdot \left(\operatorname{grad} p_l - \gamma_l \cdot \operatorname{grad} h \right) \tag{4-7}$$

式中 p_l——相压力;

$\boldsymbol{K}$——渗透率张量;

h——油藏深度;

K_{rl}——相对渗透率;

μ_l——相黏度;

γ_l——相密度。

弥散流量 $\tilde{\boldsymbol{D}}_{il}$ 具有下面的 Fick 方程形式:

$$\tilde{\boldsymbol{D}}_{il} = \varphi S_l \begin{pmatrix} F_{xx,il} & F_{xy,il} & F_{xz,il} \\ F_{yx,il} & F_{yy,il} & F_{yz,il} \\ F_{zx,il} & F_{zy,il} & F_{zz,il} \end{pmatrix} \cdot \begin{pmatrix} \dfrac{\partial C_{il}}{\partial x} \\ \dfrac{\partial C_{il}}{\partial y} \\ \dfrac{\partial C_{il}}{\partial z} \end{pmatrix} \tag{4-8}$$

包含分子扩散(D_{kl})的弥散张量 F_{il} 表达形式为:

$$F_{mn,il} = \frac{D_{il}}{\tau} \delta_{mn} + \frac{\alpha_{Tl}}{\phi S_l} |\boldsymbol{u}_l| \delta_{mn} + \frac{(\alpha_{Ll} - \alpha_{Tl})}{\phi S_l} \frac{u_{lm} u_{ln}}{|\boldsymbol{u}_l|} \tag{4-9}$$

式中 α_{Ll},α_{Tl}——l 相的纵向和横向弥散系数;

τ——迂曲度;

u_{lm},u_{ln}——l 相空间方向流量。

每相向量流量积表达式为:

$$|\boldsymbol{u}_l| = \sqrt{(u_{xl})^2 + (u_{yl})^2 + (u_{zl})^2} \tag{4-10}$$

2. 运动方程

一般情况下,流体在油藏中的渗流满足流体力学中的层流运动,即油藏中的流体渗流符合达西定律。

单相一维渗流时的达西定律可表示为：

$$u = \frac{Q}{A} = -\frac{K}{\mu}\frac{\mathrm{d}p}{\mathrm{d}x} \tag{4-11}$$

式中　u——流速，m/s；

　　　Q——体积流量，m³/s；

　　　A——流体渗流的截面积，m²；

　　　K——油藏多孔介质的绝对渗透率，m²；

　　　μ——流体的黏度，Pa·s；

　　　p——压力，Pa；

　　　x——长度，m；

　　　$\dfrac{\mathrm{d}p}{\mathrm{d}x}$——沿 x 方向压力梯度，Pa/m。

式（4-11）中的负号表明沿流动方向的压力是下降的。

在三维空间情况下，可以把上述微分形式的达西定律加以推广，此时渗流速度 $\boldsymbol{u}$ 是一个空间向量。如果考虑重力的影响，则三维流动的达西方程为：

$$\boldsymbol{u} = -\frac{\boldsymbol{K}}{\mu}(\nabla p - \rho g \nabla D) \tag{4-12}$$

式中　ρ——流体的密度，kg/m³；

　　　g——重力加速度，取 9.8m/s²；

　　　D——标高，由某一基准面算起的垂直方向深度（海拔），m。

当 x 和 y 在同一水平面时，$\dfrac{\partial D}{\partial x}=0$，$\dfrac{\partial D}{\partial y}=0$，此时坐标轴 z 和 D 在同一平面内，所以当 z 方向向上时，$\dfrac{\partial D}{\partial z}=1$；当 z 方向向下时，$\dfrac{\partial D}{\partial z}=-1$。

式（4-12）中的"∇"为 Hamilton 算子，表示取其后面的量的梯度。

三维流动时，渗流速度在 x, y, z 3 个方向上的分量为：

$$u_x = -\frac{K_x}{\mu}\left(\frac{\partial p}{\partial x} - \rho g \frac{\partial D}{\partial x}\right) \tag{4-13}$$

$$u_y = -\frac{K_y}{\mu}\left(\frac{\partial p}{\partial y} - \rho g \frac{\partial D}{\partial y}\right) \tag{4-14}$$

$$u_z = -\frac{K_z}{\mu}\left(\frac{\partial p}{\partial z} - \rho g \frac{\partial D}{\partial z}\right) \tag{4-15}$$

同理，对三维柱坐标系，渗流速度在 r, θ, z 三个方向的分量为：

$$u_r = -\frac{K_r}{\mu}\left(\frac{\partial p}{\partial r} - \rho g \frac{\partial D}{\partial r}\right) \qquad (4\text{-}16)$$

$$u_\theta = -\frac{K_\theta}{\mu}\left(\frac{\partial p}{\partial \theta} - \rho g \frac{\partial D}{\partial \theta}\right) \qquad (4\text{-}17)$$

$$u_z = -\frac{K_z}{\mu}\left(\frac{\partial p}{\partial z} - \rho g \frac{\partial D}{\partial z}\right) \qquad (4\text{-}18)$$

对于实际油藏中的多相渗流,达西定律的扩展形式为:

$$\boldsymbol{u}_l = -\frac{\boldsymbol{K}K_{rl}}{\mu_l}(\nabla p_l - \rho_l g \nabla D) \qquad (4\text{-}19)$$

式中　l——o,g 或 w,分别表示油、气或水相;

　　　μ_l,ρ_l,K_{rl}——l 相流体的黏度、密度和相对渗透率。

在多数情况下,油藏流体渗流符合达西线性渗流,但对非牛顿流体或当渗流速度很高时,渗流不符合达西定律。非达西渗流时渗流速度的表达式见有关渗流力学方面的参考书,本书在此不详细介绍。另外,若考虑渗流过程中所发生的各种扩散、传热等复杂的物理化学现象时,需要利用扩散定律及传热方程等来描述。

3. 状态方程

状态方程是描述液体、气体、岩石的状态参数随压力变化规律的数学方程。渗流是一个运动过程,也是一个状态参数不断变化的过程。

1)液体的状态方程

由于液体具有压缩性,随着压力的降低,液体体积膨胀,同时释放弹性能量,可以用以下方程来表示:

$$C_l = -\frac{1}{V_l} \cdot \frac{\mathrm{d}V_l}{\mathrm{d}p} \qquad (4\text{-}20)$$

式中　C_l——液体的弹性压缩系数,表示当压力改变 10^{-1}MPa 时,单位体积液体体积的变化率,$(10^{-1}\text{MPa})^{-1}$;

　　　V_l——液体的体积,m^3;

　　　$\mathrm{d}V_l$——压力改变时液体体积的变化量,m^3。

根据质量守恒原理,在弹性压缩或膨胀时液体质量 m 是不变的:

$$m = \rho V_l \qquad (4\text{-}21)$$

式中　ρ——液体的密度,kg/m^3。

于是,有:

$$V_l = \frac{m}{\rho} \qquad (4\text{-}22)$$

对式（4-22）取微分，得：

$$dV_1 = -\frac{m}{\rho^2}d\rho \tag{4-23}$$

将式（4-22）和式（4-23）代入式（4-20），得：

$$C_1 = \frac{1}{\rho} \cdot \frac{d\rho}{dp} \tag{4-24}$$

分离变量 C_1 取常数，并设 $p=p_0$ 时，$\rho=\rho_0$，积分上式得：

$$\rho = \rho_0 e^{C_1(p-p_0)} \tag{4-25}$$

将上式按麦克劳林级数展开，取前两项（已有足够的精确性）得：

$$\rho = \rho_0[1 + C_1(p-p_0)] \tag{4-26}$$

式中 p_0——大气压力（或初始压力），10^{-1}MPa；

ρ_0，ρ——压力 p_0 和压力 p 时的液体密度，kg/m³。

式（4-26）就是弹性液体的状态变化方程。实际上，C_1 是一个变量，它与温度、压力和液体中溶解的气体量有关。地层水的压缩系数范围为（3.7~5.0）×10^{-4}MPa^{-1}，地层油的压缩系数范围为（10~140）×10^{-4}MPa^{-1}。在建立数学模型时，当油藏流体为弹性液体时，应考虑液体的状态方程。

2）气体的状态方程

气体的压缩性比液体大得多。表示一定质量的气体的体积、温度和压力之间变化关系的方程，称为气体的状态方程。

理想气体是指：(1) 气体分子无体积；(2) 气体分子之间无作用力。对于理想气体，状态方程为：

$$pV = nRT \tag{4-27}$$

式中 p——气体的压力，MPa；

T——气体的温度，K；

V——气体的体积，m³；

n——气体的物质的量，mol；

R——通用气体常数，对于不同性质的气体其值不同，MPa·m³/(kmol·K)。

天然气不是理想气体，不服从理想气体状态方程。由于其分子之间存在作用力，有体积，只有在低压下才遵循理想气体状态方程，高压时必须对上式进行修改。工程上常用的修正方法是引入一个系数因子 Z，称为天然气的压缩因子，则其状态方程为：

$$pV = ZnRT \tag{4-28}$$

式中 Z——天然气的压缩因子，表示在给定压力和温度下实际气体所占有的体积与理想气体所占有的体积之比，其求解方法见相关教科书。

3）岩石的状态方程

油藏岩石也存在弹性或压缩性。由于岩石的压缩性，当压力变化时，岩石的固体骨架体积也发生变化，同时反映在孔隙体积的变化上。因此，可以把岩石的压缩性看成孔隙度随压力发生变化，用压缩系数表示。岩石压缩系数是指在等温条件下，单位体积岩石中孔隙体积随油藏压力的变化率。岩石压缩系数的公式为：

$$C_f = \frac{1}{V_f}\left(\frac{dV_p}{dp}\right)_T = \frac{d\phi}{dp} \tag{4-29}$$

式中 C_f——岩石的压缩系数，MPa^{-1}；

V_f——岩石的总体积，cm^3；

V_p——岩石的孔隙体积，cm^3；

p——油藏压力，MPa；

$\left(\dfrac{dV_p}{dp}\right)_T$——等温条件下岩石孔隙体积随油藏压力的变化值，$cm^3/MPa$；

ϕ——孔隙度。

将式（4-29）分离变量，取 C_f 为常数，并设 $p=p_0$ 时，$\phi=\phi_0$，积分得：

$$\phi = \phi_0 + C_f(p - p_0) \tag{4-30}$$

式（4-30）即为弹性孔隙介质的状态方程，它描述了孔隙介质在符合弹性状态变化范围内孔隙度随压力的变化规律。

当油藏压力下降时，孔隙缩小，将孔隙原有体积中的部分流体排挤出去，推向井底而成为驱动流体的弹性能量。由于岩石的性质不同，所以不同岩石的压缩系数是不同的。地层岩石的压缩系数变化不大，一般在（1.5~3）×$10^{-4}MPa^{-1}$ 之间。

如果岩石的弹性变形超过一定的限度，将会产生塑性变形，在研究这种情况下的渗流规律时应考虑用塑性变形孔隙介质的状态方程。

4. 化学驱物理化学反应和驱油机理模型

1）聚合物溶液的黏性驱油机理数学模型

（1）聚合物溶液的黏度。

聚合物溶液的高黏度能够改善油水流度比，抑制注入水的突进，扩大宏观波及体积。实验结果表明，在零剪切速率下聚合物溶液的黏度 μ_p^0 是聚合物溶液的浓度和含盐量的函数，用下面函数表示为：

$$\mu_p^0 = \mu_w\left[1 + \left(A_{p1}C_p + A_{p2}C_p^2 + A_{p3}C_p^3\right)C_{SEP}^{S_p}\right] \tag{4-31}$$

式中 C_p——溶液中聚合物的浓度，%；

μ_w——水相黏度，$mPa·s$；

C_{SEP}——聚合物有效含盐量浓度，meq/mL；

A_{p1}，A_{p2}，A_{p3} 和 S_p——由实验数据确定的聚合物黏浓参数。

（2）聚合物溶液的流变特征。

高分子聚合物溶液都具有流变特征，其黏度依赖于剪切速率，利用 Meter 方程表达这种依赖关系，聚合物溶液的黏度 μ_p 与剪切速率的函数关系为：

$$\mu_p = \mu_w + \frac{\mu_p^0 - \mu_w}{1 + (\gamma/\gamma_{ref})^{p_\alpha - 1}} \quad (4\text{-}32)$$

式中　γ_{ref}——参考剪切速率，1/s；

　　　μ_p——聚合物溶液在多孔介质中流动的视黏度，mPa·s；

　　　γ——多孔介质中流体的等效剪切速率，1/s；

　　　p_α——由实验数据确定的流变参数。

多孔介质中水相的等效剪切速率 γ 利用 Blake-Kozeny 方程表示：

$$\gamma = \frac{\gamma_c |\boldsymbol{u}_w|}{\sqrt{\overline{K} K_{rw} \varphi S_w}} \quad (4\text{-}33)$$

式中　γ_c——3.97C，C 是剪切速率系数，它与非理想影响有关（例如孔隙介质中毛细管壁的滑移现象）；

　　　K_{rw}——水相相对渗透率。

平均渗透率 $\overline{K}$ 计算公式为：

$$\overline{K} = \left[\frac{1}{K_x}\left(\frac{u_{xw}}{u_w}\right)^2 + \frac{1}{K_y}\left(\frac{u_{yw}}{u_w}\right)^2 + \frac{1}{K_z}\left(\frac{u_{zw}}{u_w}\right)^2\right]^{-1} \quad (4\text{-}34)$$

式中　u_w——水相流速；

　　　u_{xw}，u_{yw}，u_{zw}——水相的 x，y 和 z 方向的流速；

　　　K_x，K_y，K_z——油层 x，y 和 z 方向的渗透率。

（3）渗透率下降系数。

聚合物溶液在多孔介质中渗流时，由于聚合物在多孔介质中的吸附捕集会引起流度下降和流动阻力增加。利用渗透率下降系数 R_K 描述这一现象：

$$R_K = 1 + \frac{(R_{KMAX} - 1) b_{rk} C_p}{1 + b_{rk} C_p} \quad (4\text{-}35)$$

其中，R_{KMAX} 是最大渗透率下降系数，表达式为：

$$R_{KMAX} = \left[1 - c_{rk} \tilde{\mu}^{\frac{1}{3}} \bigg/ \left(\frac{\sqrt{K_x K_y}}{\phi}\right)^{\frac{1}{2}}\right]^{-4} \quad (4\text{-}36)$$

式中　$\tilde{\mu}$——聚合物溶液的本征黏度，mPa·s；

$$\tilde{\mu} = \lim_{C_p \to 0} \frac{\mu_o - \mu_w}{\mu_w C_p} = A_{p1} C_{SEP}^{S_p} ;$$

　　　ϕ——孔隙度；

　　　b_{rk}，c_{rk}——由实验数据确定的参数。

（4）不可及孔隙体积。

实验发现，流经孔隙介质时聚合物比溶液中的示踪剂流动得快，这可解释为聚合物能够流经的孔隙体积小，这是由于聚合物的高分子结构决定的。聚合物不能进入的这部分孔隙体积称为不可及孔隙体积。在模型中表示为：

$$\text{IPV} = \frac{\phi - \phi_p}{\phi} \qquad (4\text{-}37)$$

式中　IPV——聚合物溶液的不可及孔隙体积分数；

　　　ϕ——盐水测的孔隙度；

　　　ϕ_p——聚合物溶液测的孔隙度。

（5）聚合物吸附。

聚合物在油藏岩石表面上的吸附是聚合物驱油过程中发生的重要物理化学现象之一。吸附量的多少直接决定聚合物的用量和采收率的高低。利用 Langmuir 等温吸附模型模拟聚合物的吸附：

$$\hat{C}_p = \frac{aC_p}{1 + bC_p} \qquad (4\text{-}38)$$

式中　$\hat{C}_p$——聚合物的吸附浓度，mg/g；

　　　C_p——聚合物浓度，%；

　　　a，b——由实验数据确定的参数。

2）聚合物溶液的弹性驱油机理数学模型

（1）第一法向应力差。

聚合物溶液的弹性大小与聚合物的分子量和浓度有关，分子量和浓度越大，弹性越大。利用第一法向应力差表征聚合物溶液的弹性大小，第一法向应力差 N_{p1} 是聚合物浓度 C_p 和分子量 M_r 的函数，利用下面的二次多项式表达第一法向应力差与聚合物浓度和分子量的关系：

$$N_{p1} = C_{n1}(M_r) \cdot C_p + C_{n2}(M_r) \cdot C_p^2 \qquad (4\text{-}39)$$

式中　N_{p1}——第一法向应力差；

　　　$C_{n1}(M_r)$，$C_{n2}(M_r)$——与聚合物分子量 M_r 有关的参数。

（2）毛管数。

毛管数是界面张力的函数，定义如下：

$$N_{cl} = \frac{|\boldsymbol{K} \cdot \mathrm{grad}\,\boldsymbol{\Phi}_{l'}|}{\sigma_{ll'}}, \quad l=\mathrm{w,o} \quad (4\text{-}40)$$

式中 $\boldsymbol{K}$——油藏渗透率张量；

$\sigma_{ll'}$——被驱替和驱替相之间的界面张力；

$\boldsymbol{\Phi}_{l'}$——驱替相的势函数；

下标 w，o——水相和油相。

（3）相残余饱和度。

油相残余油饱和度 S_{or} 是第一法向应力差 N_{p1} 和毛管数 N_{co} 的函数：

$$S_{or} = S_{or}^{h} + \frac{S_{or}^{w} - S_{or}^{h}}{1 + T_1 N_{p1} + T_2 N_{co}} \quad (4\text{-}41)$$

式中 S_{or}^{h}——高弹性和高毛管数理想情况下聚合物驱后残余油饱和度的极限值；

S_{or}^{w}——水驱后的残余油饱和度；

T_1，T_2——由实验资料确定的参数。

水相残余饱和度 S_{wr} 是毛管数 N_{cw} 的函数：

$$S_{wr} = S_{wr}^{h} + \frac{S_{wr}^{w} - S_{wr}^{h}}{1 + T_w N_{cw}} \quad (4\text{-}42)$$

式中 S_{wr}^{h}——高毛管数理想情况下聚合物驱后束缚水饱和度的极限值；

S_{wr}^{w}——水驱后的束缚水饱和度；

T_w——由实验资料确定的参数。

（4）相对渗透率曲线。

相残余饱和度的变化必然会引起相对渗透率曲线发生改变，模型中，油水两种相对渗透率曲线是以表格的形式给出的，需要给出低聚合物弹性和低毛管数水驱情况下的相对渗透率曲线，同时还要给出高聚合物弹性和高毛管数聚合物驱情况下的相对渗透率曲线，然后利用这两套相对渗透率曲线插值计算由于相残余饱和度改变引起的相对渗透率变化，插值模型如下：

$$K_{ro} = K_{ro}^{w} + \left(K_{ro}^{h} - K_{ro}^{w}\right)\left(\frac{S_{or}^{w} - S_{or}}{S_{or}^{w} - S_{or}^{h}}\right) \quad (4\text{-}43)$$

$$K_{rw} = K_{rw}^{w} + \left(K_{rw}^{h} - K_{rw}^{w}\right)\left(\frac{S_{wr}^{w} - S_{wr}}{S_{wr}^{w} - S_{wr}^{h}}\right) \quad (4\text{-}44)$$

式中 K_{ro}——聚合物驱过程中油相的相对渗透率；

K_{ro}^{w}，K_{rw}^{w}——低聚合物弹性和低毛管数条件下油相和水相的相对渗透率；

K_{ro}^{h}，K_{rw}^{h}——高聚合物弹性和高毛管数条件下油相和水相的相对渗透率。

3）多种分子量聚合物溶液混合驱油机理数学模型

油藏中有多种分子量聚合物溶液同时存在时，每种聚合物在油藏中的物质输运过程满足各自独立的物质传输方程，包括对流扩散过程、吸附和不可及孔隙体积。驱油机理表现为多种分子量聚合物溶液加和总浓度驱油过程。

（1）多种分子量聚合物溶液混合总浓度。

多种分子量聚合物溶液混合后的总浓度 C_{pt} 是每种分子量聚合物溶液浓度 $C_{\text{p}i}$ 的加和：

$$C_{\text{pt}} = \sum_{i=1}^{n} C_{\text{p}i} \qquad (4\text{-}45)$$

（2）多种分子量聚合物溶液混合驱油机理模型。

将多种分子量聚合物溶液混合后的总浓度代入单一分子量聚合物驱油机理数学模型，包括黏度数学模型、渗透率下降系数数学模型、弹性驱油机理数学模型，可以得到多种分子量聚合物溶液混合驱油机理数学模型。其中每个驱油机理模型所需的参数表示为每种分子量聚合物溶液相应参数的浓度加权平均的形式：

$$\alpha = \frac{\sum_{i=1}^{n} C_{\text{p}i} \alpha_i}{\sum_{i=1}^{n} C_{\text{p}i}} \qquad (4\text{-}46)$$

式中　α——多种分子量聚合物溶液混合后驱油机理数学模型状态方程中的常数；

α_i——单一分子量聚合物溶液单独驱油时驱油机理数学模型状态方程中的常数。

4）三元复合驱驱油机理数学模型

（1）界面张力。

表面活性剂、碱、油和水之间的化学复合协同效应通过界面张力活性函数描述：

$$\sigma_{\text{ow}} = \sigma_{\text{ow}}(C_{\text{S}}, C_{\text{A}}) \qquad (4\text{-}47)$$

式中　σ_{ow}——油水相间的界面张力，下标 o 表示油相，下标 w 表示水相；

C_{S}——表面活性剂浓度；

C_{A}——碱浓度。

界面张力活性函数由实测获得。

（2）毛管数。

毛管数是反映由于黏性力的作用而使相残余饱和度发生改变的一个无因次变量。毛管数的定义如下：

$$N_{cl} = \frac{|\boldsymbol{K} \cdot \text{grad}\, \boldsymbol{\Phi}_{l'}|}{\sigma_{ll'}}, \qquad l=\text{w, o} \qquad (4\text{-}48)$$

式中 l，l'——被驱替和驱替相；
$\boldsymbol{K}$——渗透率张量。

势梯度 $\operatorname{grad} \boldsymbol{\Phi}_{l'}$ 表达式为：

$$\operatorname{grad} \boldsymbol{\Phi}_{l'} = \operatorname{grad} p_{l'} - g\rho_{l'} \operatorname{grad} h, \qquad l' = \text{o, w} \qquad (4\text{-}49)$$

式中 $p_{l'}$——驱替相压力，MPa；
$\rho_{l'}$——驱替相密度，kg/m³；
h——油藏深度，m。

（3）相残余油饱和度。

毛管数与相残余饱和度之间的关系为：

$$S_{lr} = S_{lr}^{\text{H}} + \frac{S_{lr}^{\text{L}} - S_{lr}^{\text{H}}}{1 + T_l N_{cl}}, \qquad l = \text{w, o} \qquad (4\text{-}50)$$

式中 T_l——常数；
S_{lr}^{L}，S_{lr}^{H}——低毛管数和理想极限高毛管数下 l 相的残余饱和度。

（4）相对渗透率曲线。

相残余饱和度的变化必然会引起相对渗透率曲线发生改变，数学模型描述为首先给出低毛管数水驱情况下的相对渗透率曲线和极限高毛管数情况下的相对渗透率曲线，然后利用这两套相对渗透率曲线插值计算由于相残余饱和度改变引起的相对渗透率变化，插值模型如下：

$$K_{\text{ro}} = K_{\text{ro}}^{\text{w}} + \left(K_{\text{ro}}^{\text{h}} - K_{\text{ro}}^{\text{w}}\right) \left(\frac{S_{\text{or}}^{\text{w}} - S_{\text{or}}}{S_{\text{or}}^{\text{w}} - S_{\text{or}}^{\text{h}}}\right) \qquad (4\text{-}51)$$

$$K_{\text{rw}} = K_{\text{rw}}^{\text{w}} + \left(K_{\text{rw}}^{\text{h}} - K_{\text{rw}}^{\text{w}}\right) \left(\frac{S_{\text{wr}}^{\text{w}} - S_{\text{wr}}}{S_{\text{wr}}^{\text{w}} - S_{\text{wr}}^{\text{h}}}\right) \qquad (4\text{-}52)$$

式中 K_{ro}，K_{rw}——三元复合驱过程中油相和水相的相对渗透率；
K_{ro}^{w}，K_{rw}^{w}——低毛管数条件下油相和水相的相对渗透率；
K_{ro}^{h}，K_{rw}^{h}——极限高毛管数条件下油相和水相的相对渗透率。

（5）表面活性剂的吸附。

利用 Langmuir 等温吸附模型模拟表面活性剂的吸附：

$$\hat{C}_{\text{S}} = \frac{aC_{\text{S}}}{1 + bC_{\text{S}}} \qquad (4\text{-}53)$$

式中 $\hat{C}_{\text{S}}$——表面活性剂的吸附浓度，mg/g；
C_{S}——表面活性剂浓度，%；

a，b——由实验数据确定的表面活性剂吸附参数。

（6）表面活性剂和碱竞争吸附。

碱对表面活性剂吸附损耗的影响关系数学模型为：

$$\hat{C}_S = \frac{a_2 w_{Sw}}{1 + b_2 w_{Sw}} \cdot e^{-(\lambda \hat{C}_A)} \tag{4-54}$$

式中　$\hat{C}_S$——表面活性剂的吸附损耗量，mg/g；

　　　$\hat{C}_A$——碱的吸附浓度，mg/g；

　　　w_{Sw}——表面活性剂平衡浓度，mg/L；

　　　a_2，b_2，λ——由实验资料确定的参数。

（7）碱溶蚀作用生成动力学模型。

地层岩石中的二价阳离子（Ca^{2+}）与 NaOH 电解出的 OH^- 及 CO_3^{2-} 作用形成沉淀，生成钙离子动力学模型为：

$$\frac{dC_{Ca}}{dt} = (A_1 C_{Ca} + B_1) \cdot t^\alpha + R_1 \tag{4-55}$$

式中　C_{Ca}——二价阳离子总浓度；

　　　t——时间；

　　　A_1，B_1，R_1，α——由实验数据确定的钙离子动力学模型参数。

储层中碱与岩石矿物溶蚀反应过程中会产生硅离子、铝离子，即 SiO_3^{2-}、AlO_2^-。硅离子和铝离子与地层中的阳离子结合生成沉淀，形成硅垢和铝垢，生成硅离子和铝离子动力学模型为：

$$\frac{dC_{Si}}{dt} = (A_2 C_{Si} + B_2) \cdot t^\beta + R_2 \tag{4-56}$$

$$\frac{dC_{Al}}{dt} = (A_3 C_{Al} + B_3) \cdot t^\gamma + R_3 \tag{4-57}$$

式中　C_{Si}——硅离子浓度；

　　　C_{Al}——铝离子浓度；

　　　A_2，A_3，B_2，B_3，R_2，R_3，β，γ——由实验数据确定的硅离子和铝离子动力学反应模型参数。

5. 定解条件

作为一个完整的数学模型还必须给出定解条件，只有这样才能保证解的唯一性。

1）边界条件

油藏数值模拟中的边界条件分为外边界条件和内边界条件，外边界条件是指油藏外边界所处的状态；内边界条件是指油水井所处的状态。

外边界条件：在流线模型中，一般将油藏的外边界考虑成为不渗透的封闭边界，即在此边界上无流量通过，这时有：

$$\left.\frac{\partial p}{\partial n}\right|_G = 0 \tag{4-58}$$

式中　n——油藏外边界 G 的外法线方向。

内边界条件：若油藏内分布有油井或水井时，由于井眼几何尺寸远远小于油藏的尺寸，可把油井或注水井作为已知点汇或点源来处理。一般考虑定井产量和定井底压力两种工作制度：

$$Q_l(x, y, z, t)\big|_{x=x_w, y=y_w, z=z_w} = Q_l(t) \tag{4-59}$$

式中　Q_l——井产量，m^3/d；
　　　l——确定油藏区域。

$$p(x, y, z, t)\big|_{x=x_w, y=y_w, z=z_w} = p_{wf}(t) \tag{4-60}$$

2）初始条件

初始条件是指在初始时刻（$t=0$），油藏内的压力和饱和度的分布，可表示为：

$$p_l(x, y, z, 0)\big|_{t=0} = p^0(x, y, z) \tag{4-61}$$

$$S_l(x, y, z, 0)\big|_{t=0} = S^0(x, y, z) \tag{4-62}$$

式中　l——确定油藏区域。

第二节　求解方法

油气水渗流物质守恒方程和化学剂运移物质守恒方程是非线性耦合系统。解法采用的是黑油模型的求解方法，把三相流物质守恒方程和化学物质组分运移对流扩散方程解耦计算，在每个时间步，首先，求解油气水三相物质守恒方程（4-1），得到压力、油气水三相饱和度和流场；其次，利用该流场解化学物质组分运移对流扩散方程（4-3），得到新的化学物质组分浓度场；然后，更新化学驱油机理物化作用参数，转入下一个时间步。

黑油模型三相流物质守恒方程的求解方法有全隐式解法（ALL）、顺序求解法（SEQ）和隐式压力显式饱和度法（IMPES）。

求解油气水三相流时，用"w""o"和"g"分别表示水相、油相和气相，三相流数学模型为：

$$\begin{cases} \dfrac{\partial}{\partial x}\left[\lambda_{\mathrm{w}}\left(\dfrac{\partial p_{\mathrm{w}}}{\partial x}-\gamma_{\mathrm{w}}\dfrac{\partial z}{\partial x}\right)\right]=\dfrac{\partial}{\partial t}\left(\phi\dfrac{S_{\mathrm{w}}}{B_{\mathrm{w}}}\right)+q_{\mathrm{w}} \\ \dfrac{\partial}{\partial x}\left[\lambda_{\mathrm{o}}\left(\dfrac{\partial p_{\mathrm{o}}}{\partial x}-\gamma_{\mathrm{o}}\dfrac{\partial z}{\partial x}\right)\right]=\dfrac{\partial}{\partial t}\left(\phi\dfrac{(1-S_{\mathrm{w}}-S_{\mathrm{g}})}{B_{\mathrm{o}}}\right)+q_{\mathrm{o}} \\ \dfrac{\partial}{\partial x}\left[R_{\mathrm{s}}\lambda_{\mathrm{o}}\left(\dfrac{\partial p_{\mathrm{o}}}{\partial x}-\gamma_{\mathrm{o}}\dfrac{\partial z}{\partial x}\right)\right]+\dfrac{\partial}{\partial x}\left[\lambda_{\mathrm{g}}\left(\dfrac{\partial p_{\mathrm{g}}}{\partial x}-\gamma_{\mathrm{g}}\dfrac{\partial z}{\partial x}\right)\right] \\ =\dfrac{\partial}{\partial t}\left(\phi R_{\mathrm{s}}\dfrac{(1-S_{\mathrm{w}}-S_{\mathrm{g}})}{B_{\mathrm{o}}}+\phi\dfrac{S_{\mathrm{g}}}{B_{\mathrm{o}}}\right)+R_{\mathrm{s}}q_{\mathrm{o}}+q_{\mathrm{g}} \end{cases} \quad (4\text{-}63\mathrm{a})$$

$$p_{\mathrm{o}}-p_{\mathrm{w}}=p_{\mathrm{cow}},\qquad p_{\mathrm{g}}-p_{\mathrm{o}}=p_{\mathrm{cog}} \qquad (4\text{-}63\mathrm{b})$$

$$\lambda_l=\dfrac{KK_{\mathrm{r}l}}{\mu_l B_l},\quad l=\mathrm{w,\,o,\,g},\qquad \gamma_l=\rho_l g \qquad (4\text{-}63\mathrm{c})$$

$$u_l=\lambda_l(\nabla p_l-\gamma_l\nabla z),\qquad l=\mathrm{w,\,o,\,g} \qquad (4\text{-}63\mathrm{d})$$

式中　ϕ——孔隙度；

p_l——l 相压力，kPa；

S_l——l 相的饱和度；

K——绝对渗透率，D；

B_l——l 相的体积系数，$\mathrm{m}^3/\mathrm{m}^3$；

$K_{\mathrm{r}l}$——l 相的相对渗透率；

μ_l——l 相的黏度，mPa·s；

ρ_l——l 相的密度，$\mathrm{kg/m}^3$；

R_{s}——溶解气油比，$\mathrm{m}^3/\mathrm{m}^3$；

q_l——l 相的源汇项，m^3/d。

一、数学模型求解方法

1. 全隐式解法（ALL）

全隐式解法是消去多余的未知数，保留三个未知数，通常保留油相压力、水相饱和度以及气相饱和度。采用隐式差分格式，即左端所有值，包括压力、饱和度、产量和其他系数（如相对渗透率、毛管力等），全部用新时刻的值。这种全隐式差分方程是非线性的代数方程组，必须用迭代法求解，每迭代一次（外迭代）所用工作量是隐式压力显示饱和度方法的 7 倍。但它是无条件稳定的，适于处理一些难度比较大的黑油模拟问题。为了使一个时间步的变化与一次迭代后的变化有所区别，我们用算子 $\bar{\delta}$ 表示前者，用 δ 表示从第 k 次迭代到 $k+1$ 次迭代的变化，即

$$\bar{\delta}f=f^{n+1}-f^n,\ \ \delta f=f^{k+1}-f^k,\ \ \bar{\delta}f\approx f^{k+1}-f^n=f^k+\delta f-f^n \qquad (4\text{-}64)$$

黑油模型全隐式求解差分格式如下：

$$\Delta T_l^{n+1} \Delta \Phi_l^{n+1} + q_l^{n+1} + \omega \left[\Delta (T_o R_s)^{n+1} + (q_o R_s)^{n+1} \right]$$
$$= \frac{V_b}{\Delta t} \bar{\delta} \left[\phi b_l S_l + \omega (b_o R_s S_o) \right], \quad l = w, o, g \tag{4-65}$$

其中，$b_l = 1/B_l$；$\Phi_l = \nabla(p_l - \gamma_l D)$；当 $l = g$ 时，$\omega = 1$；当 $l = w, o$ 时，$\omega = 0$。
利用算子 δ 可将上式写成：

$$\Delta(T_l^k + \delta T_l) \Delta(\Phi_l^k + \delta \Phi_l) + q_l^{n+1} + \delta q_l + \omega \left\{ \left[\Delta(T_o R_s)^k + \delta(T_o R_s) \right] \right.$$
$$+ \left[\Delta(\Phi_o^k + \delta \Phi_o) + (q_o R_s)^k + \delta(q_o R_s) \right] \right\}$$
$$= \frac{V_b}{\Delta t} \left\{ \left[\phi b_l S_l + \omega(\phi b_o R_s S_o) \right]^k + \delta \left[\phi b_l S_l + \omega(\phi b_o R_s S_o) \right] \right.$$
$$\left. - \left[\phi b_l S_l + \omega(\phi b_o R_s S_o) \right]^n \right\}, \quad l = w, o, g \tag{4-66}$$

将上式展开，略去二次项，第 k 次迭代后的余项可以写为：

$$R_l^k \equiv \Delta T_l^k \Delta \Phi_l^k + q_l^k + \omega \left[\Delta(T_o R_s)^k \Delta \Phi_o^k + (q_o R_s)^k \right]$$
$$- \frac{V_b}{\Delta t} \left\{ \left[\phi b_l S_l + \omega(\phi b_o R_s S_o) \right]^k - \left[\phi b_l S_l + \omega(\phi b_o R_s S_o) \right]^n \right\}, \quad l = w, o, g \tag{4-67}$$

这样，原方程可以写成带余项的形式：

$$\Delta(\delta T_l) \Delta \Phi_l^k + \Delta T_l^k \Delta(\delta \Phi_l) + \delta q_l +$$
$$\omega \left[\Delta \delta(T_o R_s) \Delta \Phi_o^k + \Delta(T_o R_s)^k \Delta(\delta \Phi_o) + \delta(q_o R_s) \right]$$
$$= \frac{V_b}{\Delta t} \delta \left\{ \phi b_l S_l + \omega(\phi b_o R_s S_o) \right\} - R_l^k \tag{4-68}$$

当迭代达到收敛时，$R_l^k \to 0$，这里 $l = w, o, g$，$k = 1, 2, \cdots$
写成通式有：

$$\text{RHS}_l = C_{l1} \delta p_o + C_{l2} \delta S_w + C_{l3} \delta S_g - R_l^k, \quad l = w, o, g \tag{4-69}$$

为了求解上面的方程，还需要对其作线性展开。选择 δp_o、δS_w、δS_g 作为求解变量，给出方程右端项展开如下。

注意到 $\delta(ab) = a^{k+1} \delta b + b^k \delta a$，对水相方程右端：

$$\text{RHS}_w = \frac{V_b}{\Delta t} \delta(\phi b_w S_w) - R_w^k = C_{w1} \delta p_o + C_{w2} \delta S_w + C_{w3} \delta S_g - R_w^k \tag{4-70}$$

$$\begin{cases} C_{w1} = \dfrac{V_b}{\Delta t} S_w^k \left(\phi^{k+1} b_w' + b_w^k \phi_r C_r \right) \\ C_{w2} = \dfrac{V_b}{\Delta t} \phi^{k+1} \left(b_w^{k+1} - S b_w' p_{cwo}' \right) \\ C_{w3} = 0 \\ R_w^k = \Delta T_w^k \Delta \Phi_w^k + q_w^k - \dfrac{V_b}{\Delta t} \left[\left(\phi b_w S_w \right)^k - \left(\phi b_w S_w \right)^n \right] \end{cases} \quad (4\text{-}71)$$

对油相方程右端：

$$\mathrm{RHS}_o = \dfrac{V_b}{\Delta t} \delta(\phi b_o S_o) - R_o^k = C_{o1} \delta p_o + C_{o2} \delta S_w + C_{o3} \delta S_g - R_o^k \quad (4\text{-}72)$$

$$\begin{cases} C_{o1} = \dfrac{V_b}{\Delta t} S_o^k \left(\phi^{k+1} b_{os} + b_w^k \phi_r C_r \right) \\ C_{o2} = \dfrac{V_b}{\Delta t} (\phi b_o)^{k+1} \\ C_{o3} = -\dfrac{V_b}{\Delta t} (\phi b_o)^{k+1} \\ R_o^k = \Delta T_o^k \Delta \Phi_o^k + q_o^k - \dfrac{V_b}{\Delta t} \left[(\phi b_o S_o)^k - (\phi b_o S_o)^n \right] \end{cases} \quad (4\text{-}73)$$

对气相方程右端：

$$\begin{aligned} \mathrm{RHS}_g &= \dfrac{V_b}{\Delta t} \delta \left[(\phi b_g S_g) + (\phi b_o R_s S_o) \right] - R_g^k \\ &= C_{g1} \delta p_o + C_{g2} \delta S_w + C_{g3} \delta S_g - R_g^k \end{aligned} \quad (4\text{-}74)$$

$$\begin{cases} C_{g1} = \dfrac{V_b}{\Delta t} \left\{ \left(b_g S_g + b_o R_s S_o \right)^k \phi_r C_r + \phi^{k+1} \left[S_g^k b_g' + S_o^n \left(R_s^{k+1} b_{os} + b_o^k R_s' \right) \right] \right\} \\ C_{g2} = -\dfrac{V_b}{\Delta t} (\phi b_o R_s)^{k+1} \\ C_{g3} = -\dfrac{V_b}{\Delta t} \phi^{k+1} \left(b_g^{k+1} + S_g^k b_g' p_{cgo}' \right) + C_{g2} \\ R_o^k = \Delta T_o^k \Delta \Phi_o^k + q_o^k - \dfrac{V_b}{\Delta t} \left[(\phi b_o S_o)^k - (\phi b_o S_o)^n \right] \end{cases} \quad (4\text{-}75)$$

在上面的表达式中 b_l' 是体积因子对压力的导数，p_{cwo}' 是 p_c 对 S_w 的导数，p_{cgo}' 是 p_c 对 S_g 的导数。

左端项的展开，为方便引进两个算子：

$$\begin{cases} M_l = \Delta T_l^k \Delta (\delta \Phi)^k + \omega \left[\Delta (T_o R_s)^k \Delta (\delta \Phi_o) \right] \\ N_l = \Delta (\delta T_l) \Delta \Phi_l^k + \omega \left[\Delta \delta (T_o R_s) \Delta \Phi_o^k \right] \end{cases} \quad (4\text{-}76)$$

这样，原差分方程可表示成如下形式：

$$M_l + N_l + \delta q_l + \omega \delta(q_o R_s) = \text{RHS}_l, \quad l = \text{w, o, g} \tag{4-77}$$

在此仅给出 M_l 的展开。对水相：

$$M_l = \Delta T_w^k \Delta(\delta \Phi_w) \approx \Delta T_w^k \Delta(\delta p) - \Delta T_w^k \Delta(p'_{cwo} \delta S_w) \tag{4-78}$$

对油相：

$$M_o = \Delta T_o^k \Delta(\delta \Phi_o) = \Delta T_o^k \Delta[\delta(p - \gamma_o D)] \approx \Delta T_w^k \Delta(\delta p) \tag{4-79}$$

对气相：

$$\begin{aligned}M_o &= \Delta T_g^k \Delta(\delta \Phi_g) + \Delta(T_o R_s)^k \Delta(\delta \Phi_o) \\ &\approx \Delta(T_g + T_o R_s)^k \Delta(\delta p) + \Delta T_g^k \Delta p'_{cgo}(\delta S_g)\end{aligned} \tag{4-80}$$

二阶差分算子展开时，传导系数按上游原则取值，i_+ 表示节点 i 和节点 $i+1$ 之中的上游节点，i_- 表示节点 i 和节点 $i-1$ 之中的上游节点：

$$\Delta T_l \Delta(\delta f)_i = T_{l i_+}(\delta f_{i+1} - \delta f_i) - T_{l i_-}(\delta f_i - \delta f_{i-1}), \quad l = \text{w, o, g} \tag{4-81}$$

将左端和右端的所有展开式代入原差分方程，即得到所需代数方程组。

2. 隐式压力显式饱和度方法（IMPES）

隐式压力显式饱和度方法的基本思想路是合并流体流动方程得到一个只含压力的方程。某一时间步的压力求出来后，饱和度采用显式更新。下面将给出三相流 IMPES 方法的标准推导过程。

将方程（4-63a）进行离散得到的有限差分方程可以写为 p_o 及饱和度的形式：

$$\Delta[T_w(\Delta p_o - \Delta p_{cow} - \gamma_w \Delta z)] = C_{1p}\Delta_t p_w + \sum_l C_{1l}\Delta_t S_l + Q_w \tag{4-82a}$$

$$\Delta[T_o(\Delta p_o - \gamma_o \Delta z)] = C_{2p}\Delta_t p_o + \sum_l C_{2l}\Delta_t S_l + Q_o \tag{4-82b}$$

$$\begin{aligned}&\Delta[T_g(\Delta p_o - \Delta p_{cog} - \gamma_g \Delta z)] + \Delta[R_s T_o(\Delta p_o - \gamma_o \Delta z)] \\ &= C_{3p}\Delta_t p_g + \sum_l C_{3l}\Delta_t S_l + R_s Q_o + Q_g\end{aligned} \tag{4-82c}$$

IMPES 方法的基本假设为：方程左端的流动项中毛管力在一个时间步长内不发生变化。则含 Δp_{cow} 和 Δp_{cog} 的项在前一个时间步长上（n 步）的值可以用显式计算出来，并且 $\Delta_t p_w = \Delta_t p_o = \Delta_t p_g$。因此，可以用 p 来表示 p_o，写为：

$$\Delta\left[T_{\mathrm{w}}\left(\Delta p^{n+1}-\gamma_{\mathrm{w}}\Delta z-\Delta p_{\mathrm{cow}}^{n}\right)\right]=C_{1\mathrm{p}}\Delta_{t}p+C_{1\mathrm{w}}\Delta_{t}S_{\mathrm{w}}+Q_{\mathrm{w}} \quad (4\text{-}83\mathrm{a})$$

$$\Delta\left[T_{\mathrm{o}}\left(\Delta p^{n+1}-\gamma_{\mathrm{o}}\Delta z\right)\right]=C_{2\mathrm{p}}\Delta_{t}p+C_{2\mathrm{o}}\Delta_{t}S_{\mathrm{o}}+Q_{\mathrm{o}} \quad (4\text{-}83\mathrm{b})$$

$$\Delta\left[T_{\mathrm{g}}\left(\Delta p^{n+1}-\gamma_{\mathrm{g}}\Delta z-\Delta p_{\mathrm{cog}}^{n}\right)\right]+\Delta\left[R_{\mathrm{s}}T_{\mathrm{o}}\left(\Delta p^{n+1}-\gamma_{\mathrm{o}}\Delta z\right)\right] \\ =C_{3\mathrm{p}}\Delta_{t}p+C_{3\mathrm{o}}\Delta_{t}S_{\mathrm{o}}+C_{3\mathrm{g}}\Delta_{t}S_{\mathrm{g}}+R_{\mathrm{s}}Q_{\mathrm{o}}+Q_{\mathrm{g}} \quad (4\text{-}83\mathrm{c})$$

$$\begin{cases} C_{1\mathrm{p}}=\dfrac{V}{\Delta t}\left[\left(S_{\mathrm{w}}\phi\right)^{n}b_{\mathrm{w}}'+S_{\mathrm{w}}^{n}b_{\mathrm{w}}^{n+1}\phi'\right] \\ C_{1\mathrm{w}}=\dfrac{V}{\Delta t}(\phi b_{\mathrm{w}})^{n+1} \\ C_{2\mathrm{p}}=\dfrac{V}{\Delta t}\left[\left(S_{\mathrm{o}}\phi\right)^{n}b_{\mathrm{o}}'+S_{\mathrm{o}}^{n}b_{\mathrm{o}}^{n+1}\phi'\right] \\ C_{2\mathrm{o}}=\dfrac{V}{\Delta t}(\phi b_{\mathrm{o}})^{n+1} \\ C_{3\mathrm{p}}=\dfrac{V}{\Delta t}\left[R_{\mathrm{s}}^{n}\left(S_{\mathrm{o}}^{n}\phi^{n}b_{\mathrm{o}}'+S_{\mathrm{o}}^{n}b_{\mathrm{o}}^{n+1}\phi'\right)+S_{\mathrm{g}}^{n}\phi^{n}b_{\mathrm{g}}'+S_{\mathrm{g}}^{n}b_{\mathrm{g}}^{n+1}\phi'+(\phi S_{\mathrm{o}}b_{\mathrm{o}})^{n+1}R_{\mathrm{s}}'\right] \\ C_{3\mathrm{o}}=\dfrac{V}{\Delta t}\left[R_{\mathrm{s}}^{n}(\phi b_{\mathrm{o}})^{n+1}\right] \\ C_{3\mathrm{g}}=\dfrac{V}{\Delta t}(\phi b_{\mathrm{g}})^{n+1} \end{cases} \quad (4\text{-}84)$$

现在以适当的方式将式（4-83）的三个方程合并，消去所有 $\Delta_{t}S_{l}$ 项。将水相方程乘以系数 A，气相方程乘以 B，然后将三个方程相加来实现这一点。所得方程右端项为：

$$\left(AC_{1\mathrm{p}}+C_{2\mathrm{p}}+BC_{3\mathrm{p}}\right)\Delta_{t}p+\left(-AC_{1\mathrm{w}}+C_{2\mathrm{o}}+BC_{3\mathrm{o}}\right)\Delta_{t}S_{\mathrm{o}}+\left(-AC_{1\mathrm{w}}+BC_{3\mathrm{g}}\right)\Delta_{t}S_{\mathrm{g}} \quad (4\text{-}85)$$

于是，A 和 B 可以通过下式求解：

$$-AC_{1\mathrm{w}}+C_{2\mathrm{o}}+BC_{3\mathrm{o}}=0 \\ -AC_{1\mathrm{w}}+BC_{3\mathrm{g}}=0$$

解为：

$$\begin{aligned} B &= C_{2\mathrm{o}}/\left(C_{3\mathrm{g}}-C_{3\mathrm{o}}\right) \\ A &= BC_{3\mathrm{g}}/C_{1\mathrm{w}} \end{aligned} \quad (4\text{-}86)$$

因此，压力方程变为：

$$\Delta\left[T_{\mathrm{o}}\left(\Delta p^{n+1}-\gamma_{\mathrm{o}}\Delta z\right)\right]_{i}+A_{i}\Delta\left[T_{\mathrm{w}}\left(\Delta p^{n+1}-\gamma_{\mathrm{w}}\Delta z\right)\right]_{i}+ \\ B_{i}\Delta\left[T_{\mathrm{o}}R_{\mathrm{s}}\left(\Delta p^{n+1}-\gamma_{\mathrm{o}}\Delta z\right)+T_{\mathrm{g}}\left(\Delta p^{n+1}-\gamma_{\mathrm{g}}\Delta z\right)\right]_{i} \\ =\left(C_{2\mathrm{p}}+AC_{1\mathrm{p}}+BC_{3\mathrm{p}}\right)_{i}\Delta_{t}p+A_{i}\Delta\left(T_{\mathrm{w}}\Delta p_{\mathrm{cow}}^{n}\right)_{i}- \\ B_{i}\Delta\left(T_{\mathrm{w}}\Delta p_{\mathrm{cog}}^{n}\right)_{i}+Q_{\mathrm{o}}+A_{i}Q_{\mathrm{wi}}+B_{i}\left(R_{\mathrm{s}}Q_{\mathrm{o}}+Q_{\mathrm{g}}\right)_{i} \quad (4\text{-}87)$$

这是从抛物方程得到的典型有限差分方程，可以写为：

$$Tp^{n+1} = D(p^{n+1} - p^n) + G + Q \quad (4\text{-}88)$$

式中，T 为三对角矩阵，而 D 为对角矩阵。在这种情况下，向量 G 包括重力和毛管力项。

求得压力解后，将压力代入方程（4-83a）和方程（4-83b），显式计算饱和度。S_l^{n+1} 求出后，计算新的毛管力 p_{cow}^{n+1} 和 p_{cog}^{n+1}，毛管力将以显式用于下一个时间步。方程右端的许多系数都是在未知的时间步上，必须进行迭代。注意，放大系数 A 和 B 在迭代中也必须随时更新。

3. 顺序求解法（SEQ）

顺序求解方法的思路是通过隐式处理饱和度，但是通过对压力和饱和度分别求解的方法来提高隐式压力显式饱和度方法的稳定性。顺序求解方法包括两步。第一步用与隐式压力显式饱和度相同的方法隐式求解压力。第二步用线性隐式传导率隐式求解饱和度。

在每一网格的边界上，以 $\Delta_t q_l$ 表示网格块间流速的隐式修正值必须满足：

$$\Delta_t q_w + \Delta_t q_o + \Delta_t q_g = 0 \quad (4\text{-}89)$$

变化值 $\Delta_t q_l$ 表示为：

$$\Delta_t q_l = (T_l^{n+1} - T_l^n) \Delta \Phi_l = T'_{l_w} \Delta_t S_w + T'_{l_g} \Delta_t S_g \quad (4\text{-}90)$$

式中，选择 $\Delta_t S_w$ 和 $\Delta_t S_g$ 作为变量。因为这两个变量是相互独立的，所以 T'_l 的定义必须满足：

$$\begin{cases} \sum_l T'_{l_w} = 0 \\ \sum_l T'_{l_g} = 0 \end{cases} \quad (4\text{-}91)$$

这是通过对方程 $\Delta_t S_g = 0$ 和 $\Delta_t S_w = 0$ 得到的。现在的问题是要定义两个 T'_{l_w}，使得对方程（4-91）定义的第三个 T'_{l_w} 也具有合理的物理意义。满足方程（4-91）的定义由 q_l 的分流方程形式得到：

$$q_l = q_T \frac{\lambda_l}{\lambda_T} = q_T f_l \quad (4\text{-}92)$$

其中，q_l 和 q_T 是体积流量，因此：

$$\begin{cases} T'_{l_w} = q_T f'_{l_w} \\ T'_{l_g} = q_T f'_{l_g} \end{cases} \quad (4\text{-}93)$$

其中

$$\begin{cases} f'_{w_w} = \dfrac{1}{\lambda_T}\left(K\dfrac{K'_{rw}}{\mu_w} - \dfrac{\lambda_w}{\lambda_T}\lambda'_{T_w}\right) \\ f'_{w_g} = \dfrac{\lambda_w}{\lambda_T^2}\lambda'_{T_g} \\ f'_{o_w} = \dfrac{1}{\lambda_T}\left(K\dfrac{K'_{ro_w}}{\mu_o} - \dfrac{\lambda_o}{\lambda_T}\lambda'_{T_w}\right) \\ f'_{o_g} = \dfrac{1}{\lambda_T}\left(K\dfrac{K'_{ro_g}}{\mu_o} - \dfrac{\lambda_o}{\lambda_T}\lambda'_{T_g}\right) \\ f'_{g_w} = -\dfrac{\lambda_g}{\lambda_T^2}\lambda'_{T_w} \\ f'_{g_g} = \dfrac{1}{\lambda_T}\left(K\dfrac{K'_{rg}}{\mu_g} - \dfrac{\lambda_g}{\lambda_T}\lambda'_{T_g}\right) \end{cases} \quad (4\text{-}94)$$

且由于 $K_{rw}=f(S_w)$，$K_{rg}=f(S_g)$，所以：

$$\begin{cases} \lambda'_{T_w} = K\left(\dfrac{K'_{rw}}{\mu_w} + \dfrac{K'_{ro_w}}{\mu_o}\right) \\ \lambda'_{T_g} = K\left(\dfrac{K'_{ro_g}}{\mu_o} + \dfrac{K'_{rg}}{\mu_g}\right) \end{cases} \quad (4\text{-}95)$$

注意

$$K'_{ro_l} \equiv \dfrac{\partial K_{ro}}{\partial S_l} \qquad l = w, g \quad (4\text{-}96)$$

对于每一相流体，方程（4-94）中的导数必须在上游饱和度（即对 $i+1/2$ 点的传导率用 i 或 $i+1$ 点的值）处进行计算。注意，对于反向流动，方程（4-94）也满足方程（4-91）。

另一种方法也可用于计算隐式流动。用分流方程在饱和度 S_l^n 和 S_l^{n+1} 的估计式 S_l^k 之间的弦来定义 T'_{lm}。如果 S_w 和 S_g 为未知数，则

$$T'_{l_w} = \left[q_l\left(S_w^k, S_g^n\right) - q_l\left(S_w^n, S_g^n\right)\right] / \left(S_w^k - S_w^n\right) \quad (4\text{-}97)$$

式中 S_l^k 和 S_l^n 必须用上游值。例如，若水由 i 流向 $i+1$，气体沿相反方向流动，则

$$\begin{cases} q_{w_{i+1/2}} = q_w\left(S_{w_i}, S_{g_{i+1}}\right) \\ q_{g_{i+1/2}} = q_g\left(S_{w_i}, S_{g_{i+1}}\right) \end{cases} \quad (4\text{-}98)$$

若要求解水相和油相方程，则必须确定上游的含油饱和度，并对 q_w 和 q_o 写出方程（4-97）。

方程（4-97）的优点是，通过对这些系数进行迭代（不需要求解压力方程）就可以得到全隐式传导率的顺序解法。

总的来说，顺序方法最适合求解"中等"难度的问题，即无法用显式传导率和（或）显式毛管力求解，又不需要全隐式处理。

二、有势场中对流扩散方程算子分裂求解技术

1. 数学模型求解模式

从建立的化学驱数学模型整体看，基本数学模型包括油气水三相的物质运移方程（4-1）和描述化学物质组分运移的对流扩散方程（4-3），这些方程是一个非线性耦合系统。从解法角度考虑，把油气水三相物质运移方程和化学物质组分运移对流扩散方程解耦计算，在每个时间步，首先，求解油气水三相物质运移方程，得到压力、油气水三相饱和度和流场；其次，利用该流场解化学物质组份运移对流扩散方程，得到新的化学物质组份浓度场；然后，更新化学驱油机理物化作用参数，转入下一个时间步。

油气水三相物质运移方程采用全隐式解法、顺序求解法和隐式压力显示饱和度方法求解。

2. 分裂求解技术求解对流扩散方程

化学组分运移的对流扩散方程采用算子分裂技术求解，同时利用油藏渗流有势场的特点，实现了隐式差分显式求解。直角坐标系下，化学物质组分运移方程（4-3）算子分裂为如下的对流方程（4-99）和扩散方程（4-100）：

$$r\frac{\partial}{\partial t}\left(\varphi\rho_k\lambda_k C_{k,\mathrm{w}}\right) + \mathrm{div}\left(\rho_k C_{k,\mathrm{w}} u_\mathrm{w}\right) = R_k \quad (4\text{-}99)$$

$$(1-r)\frac{\partial}{\partial t}\left(\varphi\rho_k\lambda_k C_{k,\mathrm{w}}\right) - \mathrm{div}\left(\rho_k \tilde{D}_{k,\mathrm{w}}\right) = 0 \quad (4\text{-}100)$$

隐式交替求解对流方程（4-99）和扩散方程（4-100）得到化学物质组分运移方程的解。

对流方程（4-99）选用了隐式迎风方法差分，离散格式为：

$$\varphi_{ijk}\frac{S_\mathrm{w}^{n+1}C_{ijk}^{n+1,0} - S_\mathrm{w}^n C_{ijk}^n}{\Delta t} + C_{i_+jk}^{n+1,0}u_{\mathrm{w},ijk}^{n+1} + C_{i\_jk}^{n+1,0}u_{\mathrm{w},(i-1)jk}^{n+1} + C_{ij_+k}^{n+1,0}u_{\mathrm{w},ijk}^{n+1} + \\
C_{ij\_k}^{n+1,0}u_{\mathrm{w},i(j-1)k}^{n+1} + C_{ijk_+}^{n+1,0}u_{\mathrm{w},ijk\_}^{n+1} + C_{i\_jk}^{n+1,0}u_{\mathrm{w},ij(k-1)}^{n+1} = R_{ijk}^{n+1} \quad (4\text{-}101)$$

对于式（4-101），结合油藏模拟问题的流场是有势场的特点，沿流向顺序求解，以显格式的方法获得隐格式解。

扩散方程（4-100）采用交替方向方法差分离散，得到如下三个方向的离散格式：

$$\varphi_{ijk}\frac{S_\mathrm{w}^{n+1}C_{ijk}^{n+1,1} - S_\mathrm{w}^n C_{ijk}^{n+1,0}}{\Delta t} - \\
\frac{\varphi_{i+\frac{1}{2},jk}S_{\mathrm{w},i\_jk}^{n+1}F_{xxi+\frac{1}{2},jk}\left(C_{i+1,jk}^{n+1,1} - C_{ijk}^{n+1,1}\right) - \varphi_{i-\frac{1}{2},jk}S_{\mathrm{w},i\_jk}^{n+1}F_{xxi-\frac{1}{2},jk}\left(C_{ijk}^{n+1,1} - C_{i-1,jk}^{n+1,1}\right)}{\Delta x^2} = 0 \quad (4\text{-}102)$$

$$\varphi_{ijk}\frac{S_{\mathrm{w}}^{n+1}C_{ijk}^{n+1,2}-S_{\mathrm{w}}^{n}C_{ijk}^{n+1,1}}{\Delta t}-$$
$$\frac{\varphi_{ij+\frac{1}{2},k}S_{\mathrm{w},ij_{+}k}^{n+1}F_{yyij+\frac{1}{2},k}\left(C_{ij+1,k}^{n+1,2}-C_{ij,k}^{n+1,2}\right)-\varphi_{ij-\frac{1}{2},k}S_{\mathrm{w},ij\_k}^{n+1}F_{yyij-\frac{1}{2},k}\left(C_{ijk}^{n+1,2}-C_{ij-1,k}^{n+1,2}\right)}{\Delta y^{2}}=0 \quad (4\text{-}103)$$

$$\varphi_{ijk}\frac{S_{\mathrm{w}}^{n+1}C_{ijk}^{n+1}-S_{\mathrm{w}}^{n}C_{ijk}^{n+1,2}}{\Delta t}-$$
$$\frac{\varphi_{ijk+\frac{1}{2}}S_{\mathrm{w},ijk_{+}}^{n+1}F_{zzijk+\frac{1}{2}}\left(C_{ijk+1}^{n+1}-C_{ijk}^{n+1}\right)-\varphi_{ijk-\frac{1}{2}}S_{\mathrm{w},ijk\_}^{n+1}F_{zzijk-\frac{1}{2}}\left(C_{ijk}^{n+1}-C_{ijk-1}^{n+1}\right)}{\Delta z^{2}}=0 \quad (4\text{-}104)$$

分三个方向交替求解扩散问题，先求解 x 方向式（4-102），然后求解 y 方向式（4-103），最后求解 z 方向式（4-104），每一个方向都采用追赶法求解，获得扩散方程的解。

3. 算例计算

聚合物驱分流理论研究发现，对于一维油水两相聚合物驱油问题（图 4-2），在驱替液突破之前，油藏中会出现两个含水饱和度前缘（图 4-3）。

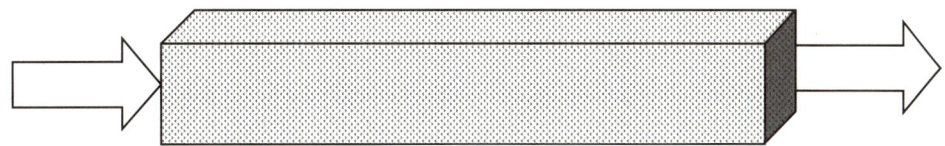

图 4-2　一维问题油水两相聚合物驱模型示意图

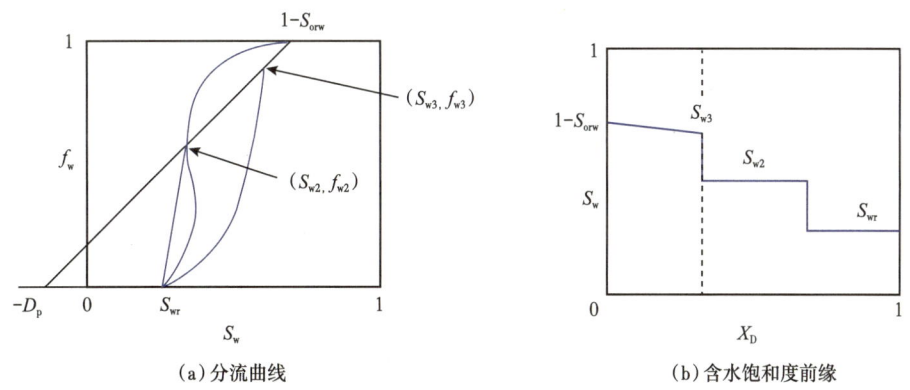

（a）分流曲线　　　　　　　　　　　（b）含水饱和度前缘

图 4-3　一维问题油水两相聚合物驱分流曲线和含水饱和度前缘

X_D—无因次距离；S_orw—残余饱和度；S_wr—束缚水饱和度；S_w2，S_w3—含水饱和度前缘

利用研制的化学驱数值模拟软件对上述一维油水两相聚合物驱油问题进行了数值模拟计算（图 4-4），结果表明，在驱替液突破之前油藏中出现两个含水饱和度前缘，与分流理

论结果一致。由此说明，大庆油田自主研发的化学驱数值模拟软件在机理描述和求解方法方面接近分流理论。

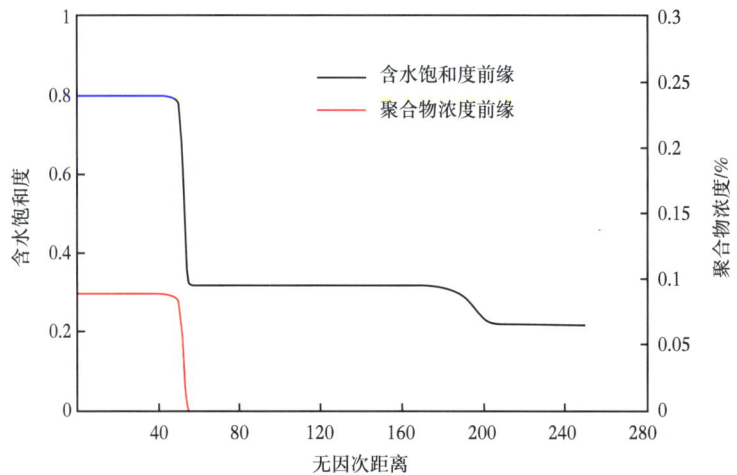

图 4-4　大庆模拟器计算的一维聚合物驱问题含水饱和度前缘

三、基于 OpenMP 并行计算方法

OpenMP 是由 OpenMP Architecture Review Board 牵头提出的，并已被广泛接受的，用于共享内存并行系统的多处理器程序设计的一套指导性的编译制导方案。OpenMP 支持的编程语言包括 C 语言、C++ 和 Fortran；而支持 OpenMP 的编译器包括 Sun Compiler、GNU Compiler 和 Intel Compiler 等。OpenMP 提供了对并行算法的高层的抽象描述，程序员通过在源代码中加入专用的指令来指明自己的意图，由此编译器可以自动将程序进行并行化，并在必要之处加入同步互斥以及通信。当选择忽略这些指令，或者编译器不支持 OpenMP 时，程序又可退化为通常的程序（一般为串行），代码仍然可以正常运作，只是不能利用多线程来加速程序执行。

选择 OpenMP 来提升软件模拟效率，基于如下考虑：

（1）OpenMP 是一种适合共享存储系统的编程标准和并行编程模型，适用于多核系统，而现有的设备绝大多数为共享存储的多核处理器，因此基于 OpenMP 开发并行模拟器可以发挥现有机器的最大效用；

（2）OpenMP 允许在串行程序上直接添加并行语句，对原程序框架改动很小，方便串行并行间自由转换，并且允许随时开启和关闭并行域，而这是 MPI 做不到的；

（3）OpenMP 编程语句简单易懂，实现方便，有利于用户掌握和阅读程序，同时有利于化学驱机理的进一步升级维护。

OpenMP 应用编程接口 API 提供了一套与平台无关的编译制导（compiler directive）、运行库例程（runtime library）和环境变量（environment variables）。

OpenMP 采用 fork-join 模式实现串并行转换，如图 4-5 所示。

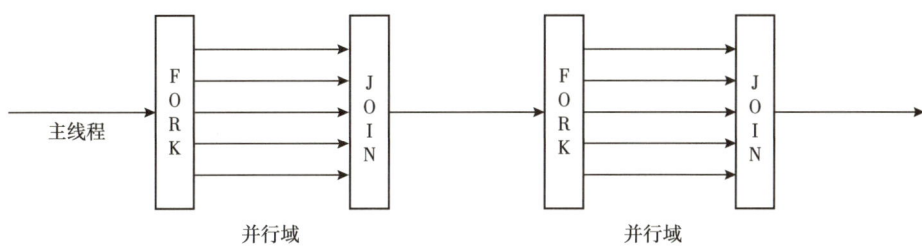

图 4-5　串并行转换机制示意图

为了明确并行化的主要方向，针对多种概念和矿场模型，对程序不同模块的时间占比进行测试（表 4-1）。

表 4-1　模块时间占比测试

驱替方式	总时间 / s	方程组系数计算及方程求解	浓度方程及各组分误差计算
聚合物驱（40 万节点，模拟 15 年）351×381×3	52008	37148 71.4%	12063 23.2%
水驱（15 万节点，模拟 7 年）73×80×27	8203	7088 86.4%	813 10%

从时间占比可知，方程组系数计算及方程求解、浓度方程及各组分误差计算占据总时间 94% 以上，因此主要针对这两处模块添加并行 OpenMP 程序。

四、代数多重网格加速求解技术

1. 代数多重网格算法原理

代数多重网格（AMG）是一种多分辨率的算法，其基本理念为在给定网格上的计算最容易消除频率与网格步长相对应的误差分量，从而可以通过采用不同疏密的网格消除不同频率的误差分量。这种方法只需要用户提供求解问题的离散代数系统，不需要提供任何实际几何网格（不管是结构化网格还是非结构化网格）及问题背景等信息，因此适用性强，应用广泛。

AMG 方法主要由启动（setup）和求解（solve）两部分组成，启动阶段主要生成粗网格矩阵以及插值、限制算子，求解阶段就是在不同的网格尺度下消除相对应的频率误差。求解阶段主要由三个部分组成：前磨光、粗空间校正和后磨光。

多重网格法中，光滑算子一般相对固定，主要任务是构造高效的粗网格校正过程，关键是粗变量的选取，即网格粗化以及插值算子的构造。其中粗网格的质量对于多重网格算法性能有很大影响，其他部件的构造往往直接依赖于网格粗化的结果。在大多数多重网格方法中，粗网格与细网格形成嵌套的网格层，即粗变量集合为细变量集合的子集。

2. 基于 AMG 算法的化学驱油数值模拟器研制

将代数多重网格算法应用到化学驱油数值模拟中。化学驱油模型包含两部分：三相流系统和组分浓度方程，其中三相流系统的黑油模型包括水相、油相、气相的流动方程以及井约束方程。主要变量包括油相压力、水相饱和度、气相饱和度和隐式井底流压。

离散模型将两者解耦计算。先计算三相流系统，然后计算组分浓度方程。组分浓度方程是对流扩散方程，采用算子分裂法分两步求解，第一步，由于水相流场是有势场，采用顺风（downwind）排序方法，显式计算对流方程；第二步，使用GMRes迭代方法求解扩散方程。

油气水三相流系统采用黑油模型，离散得到非线性代数方程组，采用牛顿迭代法求解（外迭代），每个迭代步求解一个残量方程组，求得校正值并完成校正。对残量线性代数方程组使用迭代法（内迭代），选项包括ILUC方法、Gauss消去法、SORC法、RSVP法、稀疏Gauss消去法等。凡是线性代数方程组，均可使用代数多重网格技术求解，所需参数选择包括网格层数、光滑算子、控制误差、插值算子以及限制算子等。

对渗流系统，可以将压力与饱和度解耦，采用顺序求解策略。为提高模拟效率，可以对全隐式离散采用代数多重网格解法，此时待求解未知量包括压力、饱和度等不同属性的变量，另一种选择是只对压力方程的求解使用代数多重网格方法，此时系统内所有未知量属性都是一致的（都是压力），迭代收敛效果更好。

采用CSR矩阵稀疏存储技术，仅需要存储矩阵中非零元素的列、值、行偏移，其中行偏移是指每行的第一个非零元素在值中的位置。CSR存储技术有助于节省工作空间。

3. 基于AMG算法的化学驱油数值模拟器算例测试

选取一个4238010节点的油藏模型算例，利用具有代数多重网格算法的模拟器进行数值模拟计算。比较具有代数多重网格和不具有代数多重网格方法的模拟器计算速度。

1）模型介绍

模型网格维数为651×651×10，总节点数4238010。X和Y方向网格步长20m，模型三维示意图如图4-6所示。

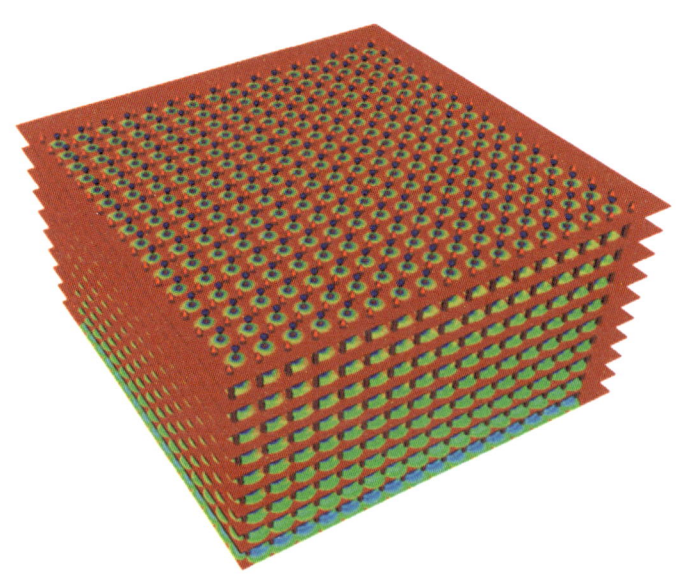

图4-6 模型三维示意图

2）计算结果

对于 4238010 节点的正交网格模型，在顺序求解算法下，运算时间为 20401s，在代数多重网格求解算法下，运算时间为 9774s，结果表明代数多重网格可以提高模拟效率 1 倍以上，见表 4-2。

表 4-2　具有和不具有多重网格方法的模拟器计算速度

模型节点数 / 个	未用多重网格（SEQ）运算时间 / s	多重网格（AMG）运算时间 /s	速度提高倍数
4238010	20401	9774	2.09

第五章　数值模拟参数测定

化学驱数值模拟技术是指导化学驱方案实施的重要手段，由于化学驱数值模拟方法中涉及大量的物理化学现象描述方程，方程中许多参数是描述化学驱油机理的重要指标，如何准确地确定这些参数对数值模拟起着重要作用。本章基于实验室的参数测定方法，测定了化学驱油作用实验室评价数据，通过建立数学模型参数求解方法，实现了化学驱数值模拟参数自动计算，为有效指导化学驱的矿场实际应用提供了技术支持。

第一节　数学模型参数求解方法

化学驱数学模型参数求解就是将实验室对化学剂理化性能表征结果转换成数值模拟化学驱油机理数学模型中的参数。通过从实验室获取化学剂理化性能表征数据，并对描述这些性质的函数关系模型进行适当地数学变换，利用线性最小二乘法和非线性最小二乘法求解模型，在此基础上，实现了参数求解的界面化，大大提高了化学驱数值模拟的工作效率。

一、线性最小二乘法

在研究两个变量 (x, y) 之间的相互关系时，通常可以得到一系列成对的数据 $(x_1, y_1, x_2, y_2, \cdots, x_m, y_m)$；将这些数据描绘在 x-y 直角坐标系中，若发现这些点在一条直线附近，可以令这条直线方程如下：

$$y_{计} = a_0 + a_1 x \tag{5-1}$$

其中：a_0，a_1 是任意实数。

为建立这个直线方程就要确定 a_0 和 a_1，将实测值 y_i 与利用方程（5-1）计算值 $y_{计} = a_0 + a_1 x$ 的离差 $(y_i - y_{计})$ 的平方和 $\sum (y_i - y_{计})^2$ 最小为优化判据。

令

$$\varphi = \sum (y_i - y_{计})^2 \tag{5-2}$$

将方程（5-1）代入方程（5-2）得：

$$\varphi = \sum (y_i - a_0 - a_1 x_i)^2 \tag{5-3}$$

当 $\sum(y_i - y_{计})^2$ 最小时，可用函数 φ 对 a_0，a_1 求偏导数，令这两个偏导数等于零：

$$\sum 2(y_i - a_0 - a_1 x_i) = 0 \tag{5-4}$$

$$\sum 2(y_i - a_0 - a_1 x_i) x_i = 0 \tag{5-5}$$

即

$$m a_0 + \left(\sum x_i\right) a_1 = \sum y_i \tag{5-6}$$

$$\left(\sum x_i\right) a_0 + \left(\sum x_i^2\right) a_1 = \sum x_i y_i \tag{5-7}$$

得到了关于 a_0，a_1 为未知数的方程组，求解得到：

$$a_0 = \left(\sum y_i\right)/m - a_1 \left(\sum x_i\right)/m \tag{5-8}$$

$$a_1 = \left[\sum x_i y_i - \left(\sum x_i \sum y_i\right)/m\right] / \left[\sum x_i^2 - \left(\sum x_i\right)^2/m\right] \tag{5-9}$$

把 a_0，a_1 代入方程（5-1）中，此时的方程（5-1）就是回归的一元线性方程。

二、非线性最小二乘法

设用非线性函数 $f(c, x)$ 对数据 $(x_i, y_i)(i=1, 2, \cdots, m)$ 进行拟合，在拟合函数 $f(c, x)$ 中，$c=(c_0, c_1, \cdots, c_n)$ 为拟合系数，其中某些为非线性系数，例如：

$$f(c, x) = c_0 + c_1 \exp(c_1 x) + c_3 \exp(c_4 x) \tag{5-10}$$

其中，系数 c_2 和 c_4 为非线性拟合系数。

首先给拟合系数一个初始值，并记为 $c_j(0)(j=0, 1, \cdots, n)$，且使

$$c_j = c_j(0) + \delta c_j \tag{5-11}$$

如果能够确定 δc_j，则可以确定 c_j 的值。为求出 δc_j，在 $c_j(0)$ 附近对拟合函数 $f(c, x)$ 作泰勒级数展开，并略去 δc_j 的高次项，当 $x = x_i$ 时，有

$$f(c, x) = f_0(c, x_i) + \left[\frac{\partial f_0(c, x_i)}{\partial c_0}\right] \delta c_0 + \left[\frac{\partial f_0(c, x_i)}{\partial c_1}\right] \delta c_1 + \cdots + \left[\frac{\partial f_0(c, x_i)}{\partial c_n}\right] \delta c_n \tag{5-12}$$

其中

$$f_0(c, x_i) = f[c_0(0), c_1(0), \cdots, c_n(0), x_i] \tag{5-13}$$

$$\frac{\partial f_0(c, x_i)}{\partial c_j} = \frac{\partial f[c_0(0), c_1(0), \cdots, c_n(0), x_i]}{\partial c_j} \quad (5-14)$$

当选定拟合函数的具体形式，并已知 $c_j(0)$ 和 x_i 时，可求出 $f_0(c, x_i)$ 及各偏导数 $\frac{\partial f_0(c, x_i)}{\partial c_j}$，这样，由式（5-14）可以看出，函数 $f(c, x_i)$ 就转化为一个关于 δc_j 的线性函数。

定义拟合残差的平方和为

$$I = \sum [f(c, x_i) - y_i]^2 \quad (5-15)$$

将式（5-12）代入式（5-15）中得

$$I = \sum \left\{ f_0(c, x_i) + \left[\frac{\partial f_0(c, x_i)}{\partial c_0}\right]\delta c_0 + \left[\frac{\partial f_0(c, x_i)}{\partial c_1}\right]\delta c_1 + \cdots + \left[\frac{\partial f_0(c, x_i)}{\partial c_n}\right]\delta c_n - y_i \right\}^2 \quad (5-16)$$

由以上分析可知，由式（5-15）定义的 I 是 δc_j 的函数。根据最小二乘原理，确定式（5-16）中的 δc_j 时，应满足条件 $\frac{\partial I}{\partial \delta c_j} = 0$，即

$$2\sum \left\{ \begin{matrix} f_0(c, x_i) + \left[\frac{\partial f_0(c, x_i)}{\partial c_0}\right]\delta c_0 + \left[\frac{\partial f_0(c, x_i)}{\partial c_1}\right]\delta c_1 + \\ \cdots + \left[\frac{\partial f_0(c, x_i)}{\partial c_n}\right]\delta c_n - y_i \end{matrix} \right\} \cdot \frac{\partial f_0(c, x_i)}{\partial c_j} = 0 \ (j = 0, 1, \cdots n) \quad (5-17)$$

整理式（5-17）得

$$\boldsymbol{A} \times \boldsymbol{C} = \boldsymbol{B} \quad (5-18)$$

这里

$$\boldsymbol{A} = \begin{vmatrix} a_{00} & a_{01} & \cdots & a_{0n} \\ a_{10} & a_{11} & \cdots & a_{1n} \\ \cdots & \cdots & \cdots & \cdots \\ a_{n0} & a_{n1} & \cdots & a_{nn} \end{vmatrix} \quad (5-19)$$

$$\boldsymbol{B} = (b_0, b_1, b_2, \cdots b_n)^{\mathrm{T}} \quad (5-20)$$

$$\boldsymbol{C} = (\delta c_0, \delta c_1, \delta c_2, \cdots, \delta c_n) \quad (5-21)$$

在矩阵 $\boldsymbol{A}$ 中

$$a_{jk} = \sum \left[\frac{\partial f_0(c, x_i)}{\partial c_j}\right]\left[\frac{\partial f_0(c, x_i)}{\partial c_k}\right] \quad j, k = 0, 1, 2, \cdots, n \quad (5-22)$$

在列向量 B 中

$$b_j = \sum \left[\frac{\partial f_0(c, x_i)}{\partial c_j} \right] [y_i - f_0(c, x_i)] \quad j, k = 0, 1, 2, \cdots, n \tag{5-23}$$

在已知数据 (x_i, y_i) 和 $c_j(0)$ 后，矩阵 A 和向量 B 中元素均能求出，这样就能够通过解方程（5-18）求出 δc_j 的值。

当求得的 $|\delta c_j|$ 值比较大时，可由式（5-11）求出 c_j，并使 c_j 作为新的 $c_j(0)$ 值，再通过上述计算过程求得新的 δc_j 值。重复这一过程，直到 $|\delta c_j|$ 可以忽略，从而得到最终的 c_j 值。

由上述计算过程可见，将 Gauss-Newton 算法用于解决非线性函数数据拟合问题时，是一个迭代计算过程。因此，计算量大，一般须编制程序在计算机上完成计算过程。

第二节　聚合物驱数值模拟参数测定

聚合物驱数值模拟参数测定和研究是聚合物驱数值模拟的基础。为了使数值模拟更好地应用于聚合物驱油机理研究、方案优化设计和效果评价，建立了一套聚合物驱数值模拟参数测定方法，测定了聚合物流变性关系曲线、聚合物溶液黏度—浓度关系曲线、吸附关系曲线、渗透率下降系数关系曲线、不可及孔隙体积等，为数值模拟参数计算提供了基础数据。

下面介绍的驱油机理数学模型详见第四章第一节。

一、聚合物溶液流变性数学模型参数测定

1. 聚合物溶液流变性数学模型

聚合物溶液的黏度 μ_p 与剪切速率 γ 的函数关系为：

$$\mu_p = \mu_w + \frac{\mu_p^0 - \mu_w}{1 + (\gamma/\gamma_{\text{ref}})^{p_a - 1}} \tag{5-24}$$

为了计算式（5-24）中的聚合物溶液流变参数 p_α，需要测定聚合物黏度 μ_p 和剪切速率 γ 的实验数据，下面给出实验室的测定方法。

2. 测定方法

聚合物溶液的流变性评价主要包括黏度测定、黏度与剪切速率的关系测定，其中黏度测定采用的是旋转黏度计法。

1）仪器和材料

名称及规格如下：

（1）恒温水浴：控温范围 5~100℃，控温精度 0.1℃。

（2）旋转黏度计：测量范围 1.0~10^7 mPa·s，带 UL 转子，测量精度 ±1%，转速范围 0.01~200r/min 共 54 挡转速。

（3）烧杯：容量 200mL、500mL。

(4)量筒：容量 25mL。

(5)标准黏度流体：黏度 1.0~100mPa·s。

(6)流变仪：带锥板转子系统，测量范围 10^{-3}~10^7mPa·s，测量精度 ±1%，转速范围 0.001~1000r/min。

2）实验步骤

(1)黏度的测定(旋转黏度计法)。

旋转黏度计法是常用的黏度测定方法，旋转黏度计应在适当的时间间隔(一般半年或一年)用标准黏度流体进行标定。操作步骤如下：

①仪器调水平，接通电源；

②将恒温水浴加热至 45℃（75℃或目标油藏温度）；

③黏度计安装 UL 转子；

④黏度计调零；

⑤设定转速为 6.0r/min（剪切速率为 7.34s^{-1}）；

⑥在 UL 转子中加入待测聚合物溶液 16mL，与黏度计连接；

⑦装有试样的 UL 转子连接在恒温水浴中，至少恒温 10min，实验温度较高时，所需的平衡时间也更长；

⑧打开黏度计测定开关，读取以毫帕秒(mPa·s)表示的黏度数；

⑨每个样品测定三次，测试值保留小数点后一位有效数字，取平均值为测定结果。

(2)黏度与剪切速率的关系。

一般采用旋转黏度计测定聚合物溶液黏度与剪切速率的关系，操作步骤如下：

①至少在 5 个剪切速率下测定聚合物溶液的黏度，从最低剪切速率开始逐步提高；

②由取得的数据绘出黏度与剪切速率的关系曲线，标明聚合物浓度、水、pH 值和试验温度。

3）测定结果

根据实验室测定的聚合物溶液黏度和剪切速率流变关系绘制曲线，如图 5-1 所示。

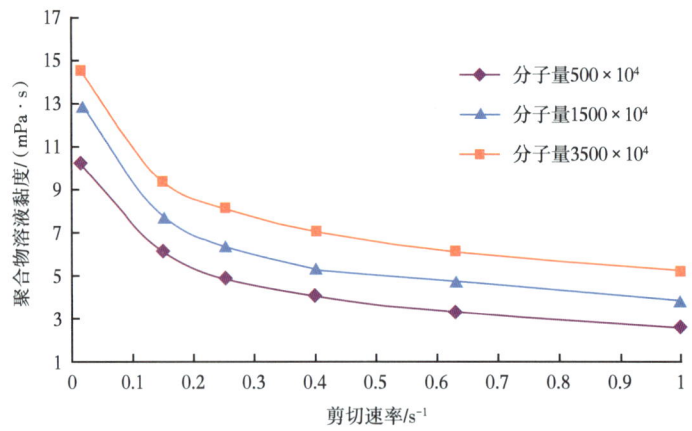

图 5-1　实验室测定的不同分子量聚合物剪切速率与黏度关系曲线

依据不同聚合物分子量条件下剪切速率和聚合物黏度实验数据，利用第一节介绍的线性最小二乘法建立参数计算数学模型，即可计算式（5-24）中的聚合物流变参数 p_α。

二、聚合物溶液黏度—浓度关系数学模型参数测定

1. 聚合物溶液黏度—浓度关系数学模型

在零剪切速率下聚合物溶液的黏度是聚合物溶液的浓度和含盐量的函数，用下面函数表示为：

$$\mu_p^0 = \mu_w \left[1 + \left(A_{p1}C_p + A_{p2}C_p^2 + A_{p3}C_p^3 \right) C_{SEP}^{S_p} \right] \quad （5-25）$$

为了计算式（5-25）中的聚合物溶液黏度—浓度参数 A_{p1}、A_{p2}、A_{p3} 和 S_p，需要测定零剪切速率下聚合物溶液黏度 μ_p^0 和聚合物溶液浓度 C_p 的实验数据，下面给出实验室的测定方法。

2. 测定方法

1）仪器和材料

（1）恒温干燥箱：温度范围为室温~250℃，控温精度 ±2℃。

（2）电子天平：感量 0.0001g。

（3）称量瓶：60mm×30mm。

（4）旋转黏度计：布氏旋转黏度计（带 UL 转子）。

（5）恒温水浴：控温范围 5~100℃，控温精度 0.1℃。

（6）量筒：容量 25mL。

（7）烧杯：容量 250mL、500mL、1000mL。

（8）机械搅拌器：0~1000r/min，精度 ±20r/min。

（9）标准盐水：取一个洁净的 6L 磨口瓶，加入约 4000.00g 去离子水，再加入氯化钠 5.700g，搅拌 15min，加入去离子水至溶液总质量为 6000.00g，搅拌至完全溶解，盖上磨口盖。有效期为 7 天。

2）实验步骤

（1）测出试样的固含量 S。

（2）称取（2/S）g 试样，准确至 0.0001g。

（3）称取标准盐水或现场水（400-2/S）g 于 1000mL 烧杯中，准确至 0.01g。

（4）调整机械搅拌器的速度至（500±20）r/min，使水形成漩涡，在 30s 内缓慢而均匀地将试样撒入旋涡肩部，搅拌 2h 后静置 2h（Ⅱ型聚合物静置 24h），此时溶液浓度为 0.5%。

（5）分别称取 4.00g、8.00g、12.00g、16.00g、20.00g、24.00g、28.00g、32.00g、36.00g、40.00g 的聚合物溶液于 250mL 烧杯中。

（6）在步骤（5）各烧杯中分别加入标准盐水或现场水至 100.00g。

（7）在各烧杯中加入转子，并在磁力搅拌器上搅拌 30min，配制成聚合物试样溶液。

（8）恒温水浴温度设定为地层温度，开启布氏黏度计，将 UL 转子与黏度计连接，设

定转速为 6r/min，量取 17mL 试样溶液移入测量筒中，安装到黏度计，恒温 10min 后开始测试，待显示值相对稳后读取黏度数值。测定 3 个平行样，取小数点后 1 位，以算术平均值报告结果。单个测定值与平均值偏差大于 10% 时，重新配样测定。

（9）以聚合物溶液浓度为横坐标，以聚合物溶液黏度为纵坐标作图。

3）测定结果

根据实验室测定的聚合物黏度与浓度关系绘制曲线，如图 5-2 所示。

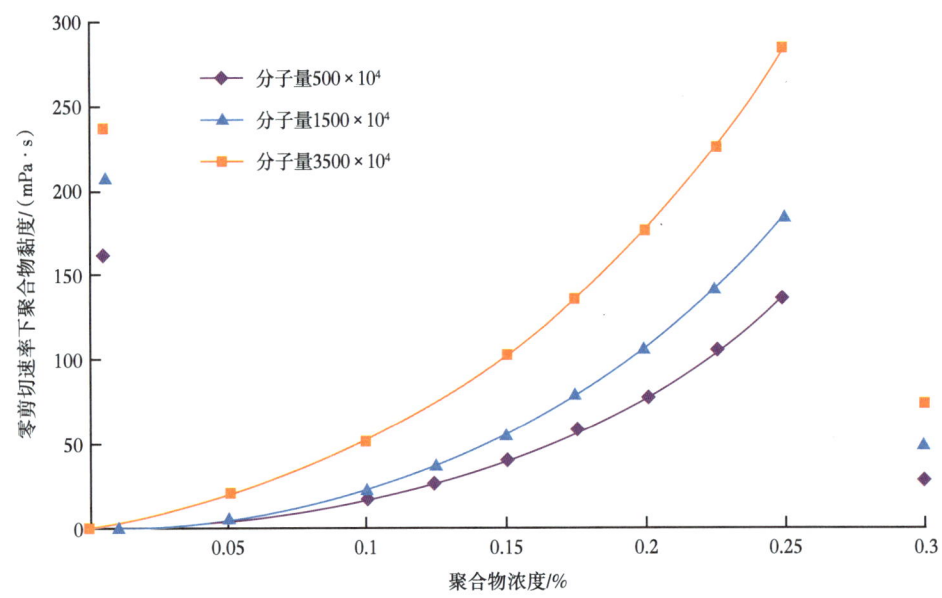

图 5-2 实验室测定的聚合物黏度与浓度关系曲线

依据不同聚合物分子量条件下浓度与零剪切速率下聚合物黏度实验数据，利用第一节介绍的非线性最小二乘法建立参数计算数学模型，即可计算式（5-25）中的聚合物黏浓参数 A_{p1}、A_{p2}、A_{p3} 和 S_p。

三、聚合物吸附数学模型参数测定

1. 聚合物吸附数学模型

利用 Langmuir 等温吸附模型模拟聚合物的吸附：

$$\hat{C}_p = \frac{aC_p}{1+bC_p} \tag{5-26}$$

为了计算式（5-26）中的聚合物吸附参数 a 和 b，需要测定吸附浓度 $\hat{C}_p$ 与聚合物浓度 C_p 的实验数据，下面给出实验室的测定方法。

2. 测定方法

聚合物吸附滞留量评价可以采用静态和动态两类方法。静态法可以通过测定聚合物的静态吸附量和静吸附黏度保留率评价。在水溶性聚合物溶液通过孔隙介质流动过程中，确定聚合物吸附滞留损失量的动态方法包括连续注入滞留法、多段塞滞留法和重复循环法。聚合物的滞留量随分子量变化不大，但分子量很高的聚合物可能会由于分子太大而不能在低渗透岩心内很好传播，从而导致人为的高滞留损失。

本节采用动态吸附滞留量测定方法。

1）仪器和材料

仪器和材料名称及规格如下：

（1）恒速泵：流速 0.001~15mL/min，精度 ±0.2%。

（2）恒温烘箱：控温范围 25~300℃，控温精度 ±1℃（如果油藏温度高于室温，则应将岩心和夹持器放入加热箱中）。

（3）恒温水浴振荡器：振荡频率 0~300r/min（可调），振荡幅度 20mm，恒温范围 25~100℃，控温精度 ±0.5℃。

（4）立式搅拌器：转速范围 0~2000r/min。

（5）磁力搅拌器：转速范围 0~500r/min，带磁力搅拌子。

（6）电子天平：分别为称量范围 0~2200g、感量 0.01g 和称量范围 0~210g、感量 0.0001g；

（7）旋转黏度计：测量范围 $1.0~10^7$mPa·s，带 UL 转子，测量精度 ±1%，转速范围 0.01~200r/min 共 54 挡转速。

（8）岩石破碎机：粉碎速度 12000r/min，不锈钢材质。

（9）压力传感器和计算机：监测从入口管线到各测压孔和各测压孔到出口管线之间的压力降，可以采用多个测压孔，取决于岩心长度和试验设计。

（10）岩心：长 5~30cm，直径 2.5~3.8cm。

（11）岩心夹持器：长 5~30cm，直径 2.5~3.8cm，在靠近入口处至少有一个压力计接口。

（12）活塞容器：容量 1000mL、2000mL、3000mL，不锈钢材质。

（13）过滤器：配备 1.0mm 不锈钢孔板、孔径 0.023mm（550目）不锈钢网、密封橡胶圈的直径为 50mm 的 300mL 不锈钢滤杯。

（14）标准筛网系列：孔径 0.355mm（50目）和孔径 0.074mm（200目）的筛。

（15）玻璃锥形过滤漏斗和 10μm 滤纸。

（16）不锈钢搅拌桨：叶片数 3，叶片旋转半径 2.45cm，叶片直径 1.80cm，叶片倾角 34°。

（17）烧杯：容量 200mL、250mL、500mL、1000mL、2000mL。

（18）锥形瓶：容量 2000mL。

（19）具塞试管：容量 10mL、25mL、50mL。

2）实验步骤

（1）岩心准备。

连续注入滞留法测定聚合物吸附滞留量的岩心准备步骤如下：

①测定岩心尺寸；

②把岩心装入夹持器，如果使用天然状态的岩心，可略去步骤②~步骤⑨；
③称量岩心和夹持器的质量；
④把岩心和夹持器安装到试验系统上；
⑤抽空岩心并试漏；
⑥如果需要，测定岩心的空气渗透率；
⑦抽空岩心；
⑧再次试漏，然后用已过滤的试验盐水饱和岩心；
⑨重新称量夹持器和岩心的质量，并计算孔隙体积；
⑩把盐水注入岩心，测定各个测压孔之间的盐水渗透率；
⑪在高的压差下用重质精制油驱替岩心，并计算油的渗透率；
⑫用轻质精制油置换前面的重质精制油，如果需要，再用原油驱替；
⑬用水驱替岩心直到残余油饱和度（S_{or}），并计算S_{or}下的盐水渗透率，在低速下维持盐水的流动，直到可以注入聚合物。

（2）聚合物的准备。

连续注入滞留法测定聚合物吸附滞留量的聚合物准备步骤如下：
①配制选定的聚合物浓缩液；
②用已过滤的试验盐水将聚合物备用溶液（浓缩液）稀释到希望的浓度；
③选定在聚合物中使用的示踪剂，比如用碘化钾配制的100mg/L碘化物溶液；
④混合一段时间后，测定稀释的含有示踪剂的聚合物溶液的筛网系数和黏度。

（3）聚合物的注入步骤。

连续注入滞留法测定聚合物吸附滞留量，聚合物的注入步骤如下：
①把泵速调到预定的聚合物注入速度；
②继续泵送盐水直到压力稳定；
③用与步骤②相同的泵速开始注入聚合物；
④如果压力超过低压传感器的范围，计算机自动控制转到标定值较高的传感器；
⑤收集流出物，并在试管上进行标记，以记录流体和速度的变化；
⑥继续注聚合物直至压力稳定（对第一个聚合物浓度通常需要几倍孔隙体积）；
⑦如果要求其他的注入速度，则改变泵速，继续注聚合物直至压力再次稳定，继续这个程序直到收集到这一特定聚合物浓度的资料为止；
⑧用与聚合物最后注入速度相同的泵速转注盐水，直到压力稳定，用聚合物絮凝试验测不出聚合物为止；
⑨做好另一浓度聚合物稀释液的注入准备；
⑩为获得滞留等温线，对增加的任一聚合物浓度试验都要重复步骤①~步骤⑨。

3）测定结果

根据实验室测定的吸附浓度与聚合物浓度关系绘制曲线，如图5-3所示。

依据不同聚合物分子量条件下吸附浓度与聚合物浓度实验数据，利用第一节介绍的线性最小二乘法建立参数计算数学模型，即可计算式（5-26）中的聚合物吸附参数 a 和 b。

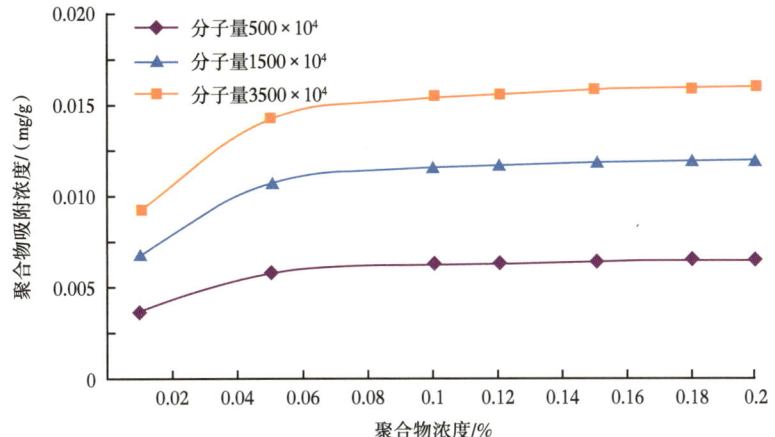

图 5-3　实验室测定的吸附浓度与聚合物浓度关系曲线

四、渗透率下降系数数学模型参数测定

1. 渗透率下降系数数学模型

渗透率下降系数数学模型表达式为：

$$R_K = 1 + \frac{(R_{KMAX}-1)b_{rk}C_p}{1+b_{rk}C_p} \quad (5\text{-}27)$$

其中，R_{KMAX} 是最大渗透率下降系数，表达式为：

$$R_{KMAX} = \left[1 - c_{rk}\tilde{\mu}^{\frac{1}{3}} \bigg/ \left(\frac{\sqrt{K_x K_y}}{\varphi}\right)^{\frac{1}{2}}\right]^{-4} \quad (5\text{-}28)$$

为了计算式（5-27）和式（5-28）中的最大渗透率下降系数参数 b_{rk} 和 c_{rk}，需要测定残余阻力系数 R_k 与聚合物浓度 C_p 实验数据，下面给出实验室的测定方法。

2. 测定方法

1）仪器和材料

仪器和材料名称及规格如下：

（1）恒速泵：流速 0.001~15mL/min，精度 ±0.2%。

（2）恒温烘箱：控温范围 25~300℃，控温精度 ±1℃（如果油藏温度高于室温，则应将岩心和夹持器放入加热箱中）。

（3）压力传感器和计算机：监测从入口管线到各测压孔和各测压孔到出口管线之间的压力降，可以采用多个测压孔，取决于岩心长度和试验设计。

（4）岩心：长 5~30cm，直径 2.5~3.8cm。

(5)岩心夹持器：长 5~30cm，直径 2.5~3.8cm，靠近入口处至少有一个压力计接口。

(6)活塞容器：容量 1000mL、2000mL、3000mL，不锈钢材质。

(7)过滤器：配备 1.0mm 不锈钢孔板、孔径 0.023mm（550目）不锈钢网、密封橡胶圈的直径为 50mm 的 300mL 不锈钢滤杯。

2）实验步骤

测定聚合物残余阻力系数的操作步骤如下：

(1)把泵速调到预定的聚合物注入速度。

(2)继续泵送盐水直到压力稳定，记录平衡压力 Δp_1 为测定的基础压差。

(3)用相同的泵速开始注入聚合物。

(4)如果压力超过低压传感器的范围，计算机自动控制转到标定值较高的传感器。

(5)继续泵送聚合物直到压力稳定，记录平衡压力 Δp_2。

(6)压力稳定后，用相同的泵速转注盐水直到压力稳定，记录平衡压力 Δp_3。

3）计算方法

计算残余阻力系数公式为：

$$R_K = \frac{\Delta p_2}{\Delta p_1} \qquad (5-29)$$

式中　Δp_1——盐水通过岩心时的平衡压力（基础压差），MPa；

　　　Δp_2——后续盐水通过岩心时的平衡压力（后续水驱压差），MPa。

4）测定结果

根据实验室测定的残余阻力系数与聚合物浓度关系绘制曲线，如图 5-4 所示。

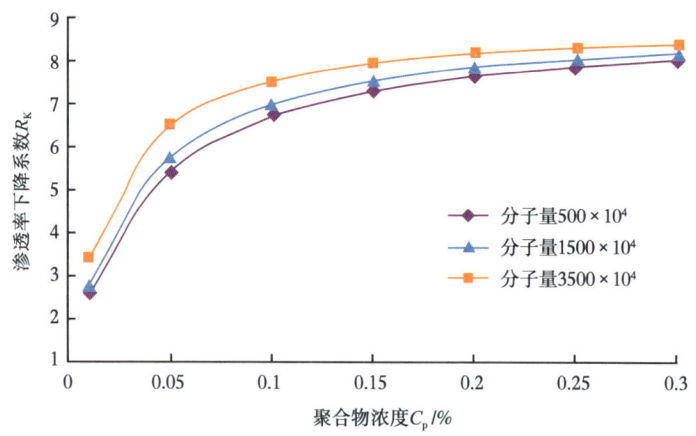

图 5-4　实验室测定的渗透率下降系数与聚合物浓度关系曲线

依据不同分子量条件下渗透率下降系数与聚合物浓度实验数据，利用第一节介绍的非线性最小二乘法建立参数计算数学模型，即可计算式（5-27）和式（5-28）中的渗透率下降系数参数 b_{rk} 和 c_{rk}。

五、不可及孔隙体积数学模型参数测定

1. 不可及孔隙体积数学模型

聚合物不可及孔隙体积数学模型表示为：

$$IPV = \frac{\phi - \phi_p}{\phi} \quad (5-30)$$

2. 测定方法

1）仪器和材料

仪器和材料名称及规格如下：

（1）电子天平：感量 0.01g。
（2）分光光度计：可见光波段 350~900nm。
（3）恒速泵：流速 0.001~15mL/min，精度 ±0.2%。
（4）压力传感器：量程分别为 0.1MPa、10MPa、70MPa，精度为 0.5%。
（5）岩心夹持器：长 5~30cm，直径 2.5~3.8cm，靠近入口处至少有一个压力计接口。
（6）放置实验岩心和夹持器的加热箱：工作温度室温 ~250℃，精度 ±1℃。

2）实验步骤

测定聚合物不可及孔隙体积的操作步骤如下：

（1）将饱和好水的岩心装入岩心夹持器中，通过调节泵的流量，测定岩心的水测渗透率。

（2）将高质量浓度的 HPAM 和 NH₄SCN 的混合体系装入中间容器，并将试验流程安装好，调节泵的注入流量为 1mL/min，向岩心注入此高质量浓度体系。

（3）监测压力的变化情况，同时用具塞刻度试管对流出的 HPAM 混合体系取样，分别分析 HPAM 质量浓度和 NH₄SCN 质量浓度。

（4）连续注入高质量浓度 HPAM 混合体系，直到压力稳定。

（5）注入流体切换到过滤自来水，注入流速仍保持 1mL/min，用具塞刻度试管取流出液，分别分析 HPAM 质量浓度和 NH₄SCN 质量浓度，直到流出液中无 HPAM 为止。

（6）注入第二个聚合物段塞，即低质量浓度 HPAM 和 NH₄SCN 体系，注入速度保持 1mL/min，直到压力稳定。

（7）将注入流体切换到过滤自来水，流速为 1mL/min，用具塞刻度试管取流出液，分别分析 HPAM 质量浓度和 NH₄SCN 质量浓度，直到流出液中无 HPAM 为止。

（8）浓度的无因次处理。

无因次 HPAM 质量浓度定义为：

$$\rho_p^* = \frac{\rho_p}{\rho_{p0}} \quad (5-31)$$

式中　ρ_p——产出 HPAM 的质量浓度，mg/L；

　　　ρ_{p0}——注入 HPAM 的初始质量浓度，mg/L。

无因次 NH_4SCN 质量浓度定义为：

$$\rho_S^* = \frac{\rho_S}{\rho_{S0}} \qquad (5-32)$$

式中　ρ_S——产出 NH_4SCN 的浓度，mg/L；

　　　ρ_{S0}——注入 NH_4SCN 的初始浓度，mg/L。

（9）绘制出口质量浓度剖面图：

以无因次质量浓度为纵坐标，以注入流体的孔隙体积倍数为横坐标，绘制 HPAM 和 NH_4SCN 的出口质量浓度剖面。

（10）根据质量浓度剖面图中两个段塞后缘 HPAM 和 NH_4SCN 质量浓度曲线之间的面积差计算得到在该条件下岩心的出口质量浓度剖面图：

以无因次质量浓度为纵坐标，以注入流体的孔隙体积倍数为横坐标，绘制 HPAM 和 NH_4SCN 的出口质量浓度剖面；

根据质量浓度剖面图中两个段塞后缘 HPAM 和 NH_4SCN 质量浓度曲线之间的面积差计算得到在该条件下岩心的 IPV。

3）测定结果

根据实验室测定可直接获取不可及孔隙体积参数。

第三节　复合驱数值模拟参数测定

本节建立了复合驱体系的主要参数测定方法，包括表面活性剂吸附、表面活性剂和碱竞争吸附、碱溶蚀及界面张力等参数测定方法，为复合驱数值模拟提供了基本参数。

一、表面活性剂吸附数学模型参数测定

1. 表面活性剂吸附数学模型

利用 Langmuir 等温吸附模型模拟表面活性剂的吸附：

$$\hat{C}_S = \frac{aC_S}{1+bC_S} \qquad (5-33)$$

为了计算式（5-33）中的表面活性剂吸附参数 a 和 b，需要测定表面活性剂吸附浓度 $\hat{C}_S$ 与表面活性剂浓度 C_S 的实验数据，下面给出实验室的测定方法。

2. 测定方法

1）仪器和材料

参考本章第二节聚合物吸附参数测定的仪器和材料。

2）实验步骤

（1）配制系列浓度的表面活性剂水溶液；

（2）量取经过洗油和筛子筛选后的油砂 5g（准确到 ±0.0001g），砂子和溶液按 1∶10

的比例混合；

（3）密封置于 250mL 具塞三角瓶中，在 45℃ 的恒温箱中振荡 48h 后，静置后离心 30min；

（4）取上部澄清液，置于具塞刻度试管中用两相滴定法确定表面活性剂的浓度；

（5）测定表面活性剂在大庆油砂表面的吸附等温曲线。

3. 测定结果

根据实验室测定的表面活性剂吸附浓度与浓度关系绘制曲线，如图 5-5 所示。

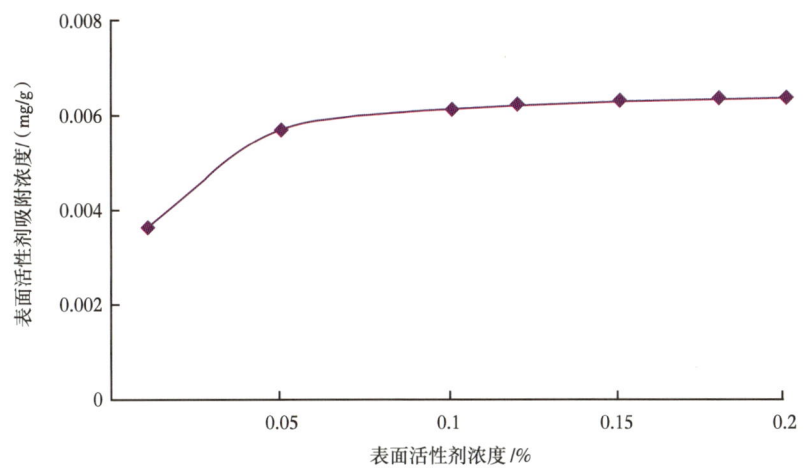

图 5-5 实验室测定的表面活性剂吸附浓度与浓度关系曲线

依据表面活性剂吸附浓度与浓度实验数据，利用第一节介绍的线性最小二乘法建立参数计算数学模型，即可计算式（5-33）中的表面活性剂吸附参数 a 和 b。

二、表面活性剂和碱竞争吸附数学模型参数测定

1. 表面活性剂和碱竞争吸附数学模型

碱对表面活性剂吸附损耗的影响关系数学模型为：

$$\hat{C}_S = \frac{a_2 w_{Sw}}{1 + b_2 w_{Sw}} \cdot e^{-(\lambda \hat{c}_A)} \tag{5-34}$$

为了计算式（5-34）中的表面活性剂和碱竞争吸附参数 a_2、b_2 和 λ，需要测定表面活性剂吸附量 $\hat{C}_S$ 与表面活性剂平衡浓度 w_{Sw} 实验数据，下面给出实验室的测定方法。

2. 测定方法

测定驱油剂的吸附量，就要知道驱油剂吸附前后的初始浓度和平衡浓度。因此，首先要建立各种驱油剂（碱、表面活性剂）的浓度检测方法。这里采用两相滴定法来测定表面活性剂的浓度；采用酸碱滴定法测定碱的浓度。

1）仪器和材料

仪器和材料名称及规格如下：

（1）锥形瓶：150mL。
（2）表面活性剂。
（3）进口混合指示剂。
（4）大庆油砂：大庆油田主力油层岩心，经苯—乙醇（3:1）抽提、烘干、粉碎。
（5）NaOH 和 Na_2CO_3：分析纯试剂。
（6）盐水：配制溶液用盐水为大庆地层盐水。

2）实验步骤

（1）用大庆地层盐水配制一系列某一驱油剂溶液，依次测量各个溶液中驱油剂的浓度，这些浓度就是吸附前的初始浓度；

（2）称取 5g 油砂（±0.001g）放入 100mL 塑料瓶中，加入不同浓度的表面活性剂/碱混合溶液 45mL；

（3）将锥形瓶置于（45±0.5）℃（大庆油层温度）的恒温振荡水浴中振荡 24h 至吸附平衡；

（4）取出锥形瓶，将其中的溶液振摇均匀后倒入离心管中，在 500r/min 的转速下离心分离约 30min；

（5）抽取中间层清液用两相滴定法测定表面活性剂的平衡浓度。

3. 测定结果

根据实验室测定的表面活性剂吸附量与表面活性剂平衡浓度和碱浓度关系绘制曲线，如图 5-6 所示。

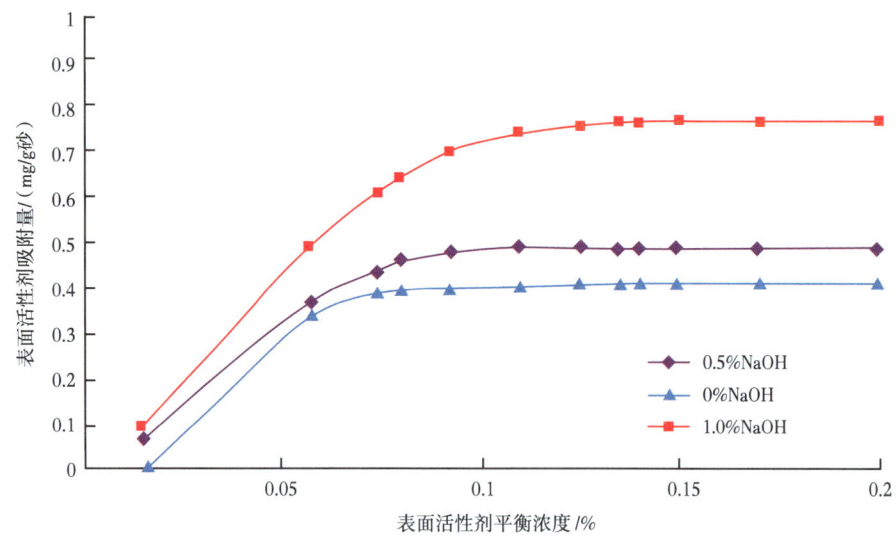

图 5-6　实验室测定的表面活性剂吸附量与表面活性剂平衡浓度关系曲线

依据不同碱浓度下表面活性剂吸附量与表面活性剂平衡浓度实验数据，利用第一节介绍的非线性最小二乘法建立参数计算数学模型，即可计算式（5-34）中的表面活性剂和碱竞争吸附参数 a_2、b_2 和 λ。

三、碱溶蚀数学模型参数测定

1. 碱溶蚀作用生成动力学数学模型

地层岩石中的二价阳离子（Ca^{2+}）与 NaOH 离解出的 OH^- 及 CO_3^{2-} 作用形成沉淀，生成钙离子动力学模型为：

$$\frac{dC_{Ca}}{dt} = (A_1 C_{Ca} + B_1) \cdot t^{\alpha} + R_1 \qquad (5-35)$$

储层中碱与岩石矿物溶蚀反应过程中会产生硅离子、铝离子，即 SiO_3^{2-}、AlO_2^-，硅离子和铝离子与地层中的阳离子结合生成沉淀，形成硅垢和铝垢，生成硅离子和铝离子动力学模型为：

$$\frac{dC_{Si}}{dt} = (A_2 C_{Si} + B_2) \cdot t^{\beta} + R_2 \qquad (5-36)$$

$$\frac{dC_{Al}}{dt} = (A_3 C_{Al} + B_3) \cdot t^{\gamma} + R_3 \qquad (5-37)$$

为了计算式（5-35）、式（5-36）和式（5-37）中的碱溶蚀动力学反应方程参数 A_1、B_1、α、R_1、A_2、B_2、β、R_2、A_3、B_3、γ、R_3，需要测定岩心—纯碱三元体系 Ca 浓度、Si 浓度、Al 浓度变化实验数据，下面具体给出实验室的测定方法。

2. 测定方法

1）仪器和材料

（1）岩心原样粉末；

（2）光学薄片；

（3）探针薄片；

（4）X 射线光电子能谱（XPS）；

（5）红外吸收光谱仪（FTIR）；

（6）环境扫描电镜（ESEM）；

（7）X 射线能谱仪（EDS）；

（8）聚合物为分子量 2.5×10^7 的部分水解聚丙烯酰胺，浓度为 1800mg/L；表面活性剂为分子量约 430 的烷基苯磺酸盐，质量分数为 50%；所用强碱为氢氧化钠化学试剂，所用弱碱为碳酸钠化学试剂。

2）实验步骤

（1）配制 NaOH 浓度分别为 0mol/L、0.3mol/L 的强碱三元复合体系，其中聚合物浓度均为 1.8g/L，表面活性剂浓度均为 3.0g/L；

（2）反应体系为 40mL 的三元复合体系或强碱体系，岩心粉末投入量为 0.05g/mL，将上述两者在 50mL EP 管中混合均匀，用聚四氟乙烯胶带密封管口以防渗漏，设置两个空白对照，无矿三元复合体系和无矿纯强碱体系，碱浓度均为 0.3mol/L；

（3）在 PH-140（A）干燥/培养二用箱中，不同碱浓度梯度的反应体系一同放置在 SRT-202 滚轴式混合器上，温度条件为 45℃ 恒温（模拟储层温度），混合器转速为 75r/min，反应进行两个月左右；

（4）每隔一定时间从反应体系中取样约 0.5mL，经过离心、取上清液、稀释后用于 Ca、Si、Al 浓度的测试，得到 Ca、Si、Al 浓度随时间的变化曲线。

3. 测试结果

根据实验室测定的 Ca、Si、Al 浓度随时间的变化关系绘制曲线，如图 5-7 至图 5-9 所示。

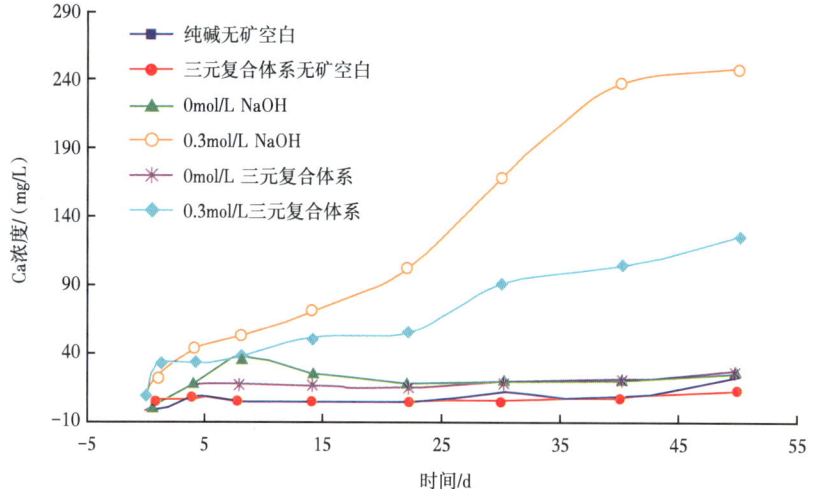

图 5-7　实验室测定的岩心—纯碱三元复合体系 Ca 浓度变化曲线

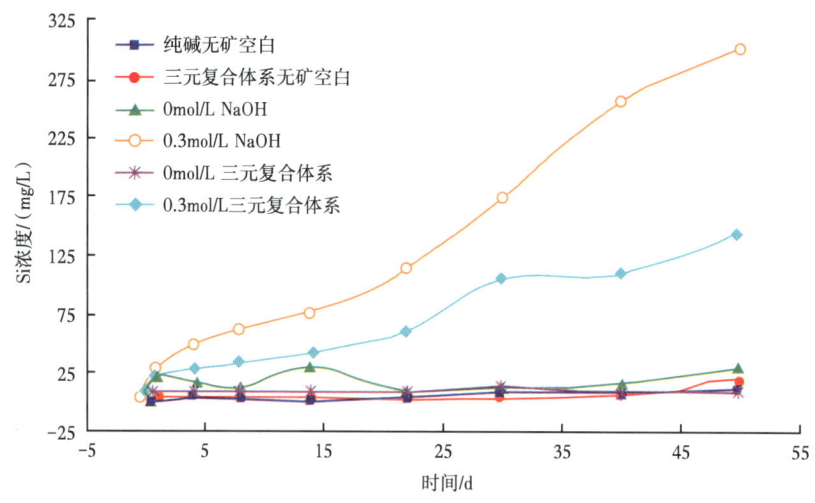

图 5-8　实验室测定的岩心—纯碱三元复合体系 Si 浓度变化曲线

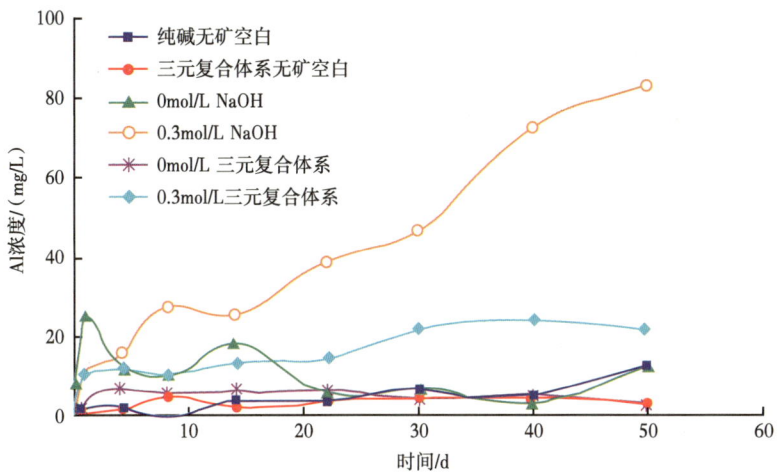

图 5-9 实验室测定的岩心—纯碱三元复合体系 Al 浓度变化曲线

依据 Ca、Si、Al 浓度随时间的变化实验数据，分别利用第一节介绍的非线性最小二乘法建立参数计算数学模型，即可计算式（5-35）、式（5-36）和式（5-37）中的动力学反应方程参数 A_1、B_1、α、R_1、A_2、B_2、β、R_2、A_3、B_3、γ、R_3。

四、界面张力测定

1. 界面张力数学模型

碱与表面活性剂产生复合协同效应，可大幅降低油水界面张力，提高洗油效率。界面张力计算公式如下：

$$\sigma = 4.442 \times 10^9 \Delta\rho \cdot P^2 \cdot \left(d^3/n^3\right) \cdot f(L/d) \quad (5-38)$$

式中　σ——界面张力，mN/m；

　　　$\Delta\rho$——两相密度差，g/cm³；

　　　P——转速，r/min；

　　　n——外相折射率；

　　　d——液滴直径读数，cm；

　　　$f(L/d)$——校正因子，L 是液滴长度，d 是液滴直径，当 $L/d \geqslant 4$ 时，$f(L/d)=1$；当 $L/d<4$ 时，取值见表 5-1。

2. 测定方法

1）仪器和材料

（1）界面张力仪（Texas-500、北京 XZD-Ⅲ型、Site04 型或同类产品）；

（2）密度计：精度为 ±0.001g/cm³；

（3）折光仪：精度为 ±0.0001；

（4）微量注射器：0.01mL、1mL。

表 5-1 界面张力校正因子表

油滴长与直径比 (L/d)	校正因子 f(L/d)	油滴长与直径比 (L/d)	校正因子 f(L/d)	油滴长与直径比 (L/d)	校正因子 f(L/d)
1.000		1.100	5.5042	1.332	2.0687
1.003	196.55	1.103	5.3730	1.344	2.0196
1.005	98.541	1.106	5.2486	1.356	1.9710
1.008	65.022	1.109	5.1280	1.370	1.9219
1.010	48.585	1.111	5.0128	1.384	1.8734
1.013	38.529	1.114	4.8890	1.400	1.8252
1.016	31.852	1.117	4.7840	1.417	1.7762
1.019	27.025	1.120	4.6826	1.436	1.7274
1.022	23.492	1.123	4.5807	1.457	1.6782
1.025	20.707	1.126	4.4807	1.481	1.6291
1.029	17.511	1.130	4.3820	1.508	1.5782
1.031	16.633	1.133	4.2879	1.539	1.5265
1.033	15.840	1.136	4.1969	1.576	1.4728
1.034	15.122	1.140	4.1072	1.621	1.4174
1.036	14.453	1.143	4.0191	1.678	1.3586
1.038	13.838	1.147	3.9351	1.685	1.3520
1.039	13.258	1.150	3.8526	1.692	1.3462
1.041	12.730	1.154	3.7728	1.699	1.3397
1.043	12.226	1.158	3.6934	1.706	1.3335
1.044	11.766	1.162	3.6115	1.714	1.3269
1.046	11.340	1.166	3.5415	1.722	1.3206
1.048	10.931	1.170	3.4679	1.730	1.3139

2）实验步骤

（1）启动恒温系统，设定试验温度，控温精度达到 ±0.2℃。

（2）测定内、外相密度，测定外相折射率（Site04 仪器不需测定外相折射率）。

（3）将高密度相样品充满测量管。

（4）用微量注射器吸取低密度相液体注入测量管形成合适的液滴，此时测量管中不应有气泡。启动界面张力仪，调节转速，使测量管中液滴长度 L 与液滴直径 d 之比尽量介于 2~8（如 $L/d \geq 4$，则测量液滴直径 d；如 $L/d < 4$，则测量液滴长度 L 和液滴直径 d）。

（5）记录不同时间的液滴的直径和长度，按式（5-38）计算得到动态界面张力值，动态界面张力不做平行实验。连续三次测量的尺寸相差小于0.1读数单位，即视为稳态，记录稳态时的液滴长度和直径，按式（5-38）计算得到稳态界面张力值，稳态界面张力要求做平行实验。

3. 测定结果

根据实验室测定的不同碱浓度和表面活性剂浓度下界面张力绘制图表，如表5-2和图5-10所示。

表5-2 界面张力数据

NaOH浓度/%	不同表面活性剂浓度下界面张力/（mN/m）							
	0	0.05%	0.1%	0.2%	0.3%	0.4%	0.5%	0.6%
0	20	0.1	0.1	0.1	0.1	0.1	0.1	0.1
0.4	20	0.0114	0.015	0.015	0.015	0.015	0015	0.02
0.6	20	0.0071	0.009	0.0163	0.015	0.02	0.015	0.0195
0.8	20	0.005	0.005	0.005	0.005	0.005	0.0047	0.015
1	20	0.005	0.005	0.005	0.005	0.005	0.005	0.015
1.2	20	0.005	0.005	0.005	0.005	0.005	0.005	0.015
1.4	20	0.027	0.015	0.0179	0.0086	0.0082	0.0075	0.0194
1.6	20	0.015	0.015	0.015	0.015	0.015	0.0217	0.0252

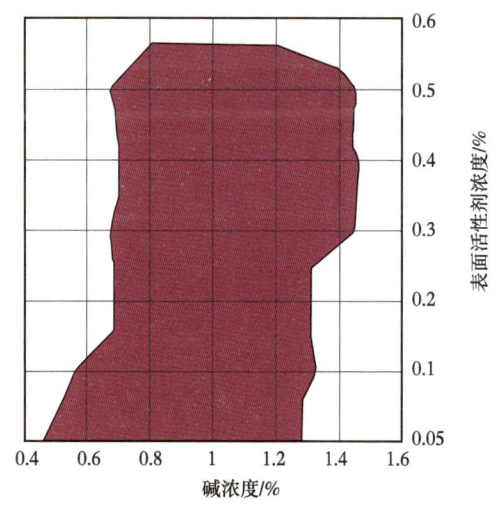

图5-10 界面张力活性图

在数值模拟软件中只需填写表5-2中的碱浓度、表面活性剂浓度及对应浓度下的界面张力值即可。

第六章 化学驱数值模拟前后处理一体化技术

油藏数值模拟是油藏研究的重要方法之一,以油藏数值模拟软件为主要研究工具,利用计算机求解油藏数学模型,模拟地下油水流动,给出某一时刻油水分布,以预测油藏动态,从而辅助油藏工程师分析决策。一款优质的油藏数值模拟软件不仅拥有描述准确的数学模型和先进高效的求解算法,还应拥有配套实用的前后处理软件。本书第二章和第三章阐述了化学驱驱油机理及数学模型的建立方法,第四章阐述了数学模型的求解方法,本章主要介绍数值模拟前处理技术、后处理技术和大庆油田前后处理一体化集成平台三方面内容。

第一节 油藏数值模拟前处理技术

一、油藏数值模拟前处理的基本定义

油藏数值模拟工作流程一般包括三个步骤:数据准备、模拟计算和结果输出(图 6-1)。其中数据准备阶段的主要作用是在模拟计算之前,将各种所需数据处理成数模软件指定格式并写入数据流文件,因此该阶段也被称为"数据前处理"。通常来说,数值模拟所需数据包含地质、油藏流体、化学驱油机理、生产数据和井数据等,这些数据来源不同、格式不同、质量不同,因此处理起来既费时又费力,目前国内外许多比较成熟的数值模拟软件都拥有配套的前处理软件,从而将油藏工程师从错综纷繁的数据处理工作中解脱出来,将更多的精力投入分析评价决策,极大地提高了数值模拟的工作效率。

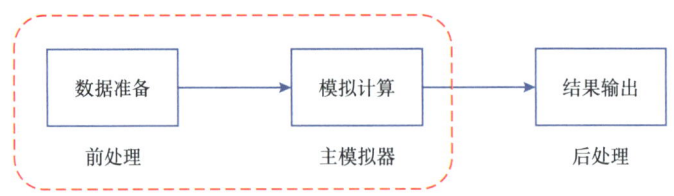

图 6-1 油藏数值模拟工作流程及前处理示意图

二、油藏数值模拟软件前处理技术发展现状

目前,国内外主流的油藏数值模拟软件几乎都具有功能完善的配套前处理软件,例如

ECLIPSE 的前后处理一体化软件 ECLIPSE OFFICE、CMG 的前处理系统 Builder 等。

1. ECLIPSE OFFICE

ECLIPSE 软件由斯伦贝谢公司开发，是目前国际上比较认可的油藏数值模拟软件之一，其前处理模块包括 FloGrid、SCAL、PVTi、Schedule 等（图 6-2），功能主要包括数据输入、物性分析、网格粗化及模拟结果显示等。这些模块可组合应用，也可以单独应用。

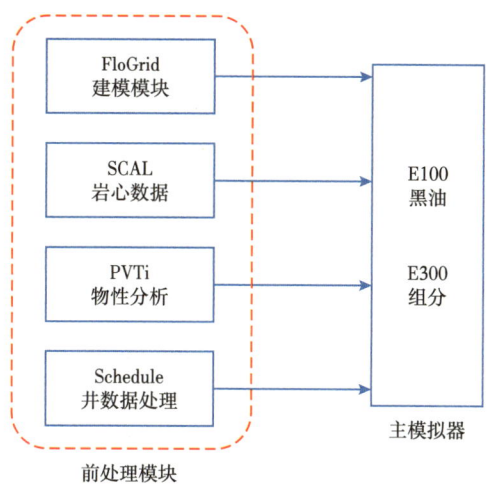

图 6-2　ECLIPSE 软件常用前处理模块示意图

2. CMG Builder

CMG 软件由加拿大 CMG 公司开发，该软件主模拟器包括 IMEX、GEM、STARS 等，其前处理模块包括 DataImporter、CEDIT、Builder、WINPRO、CMOST 等（图 6-3），这几个前处理模块都是具有可视化界面的交互式的数据处理软件，可直接对数据文件进行编辑，根据模拟需要为不同的主模拟器准备数据文件。

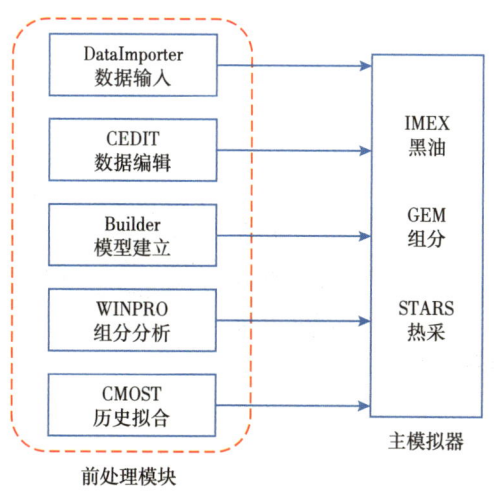

图 6-3　CMG 软件常用前处理模块示意图

尽管这些软件在架构设计、窗口界面和操作方法方面各不相同，但是所需要的数据和采用的技术大同小异。

三、油藏数值模拟前处理主要技术

1. 数值模拟所需数据的主要类型及来源

数据是油藏数值模拟的基础，认识油藏、了解油藏都是从数据开始的，因此数值模拟前要尽可能多的收集数据资料，以便尽可能准确地刻画出油藏真实的地质开发状况。油藏数值模拟前处理所需数据主要包括两大类若干小类（图 6-4）。

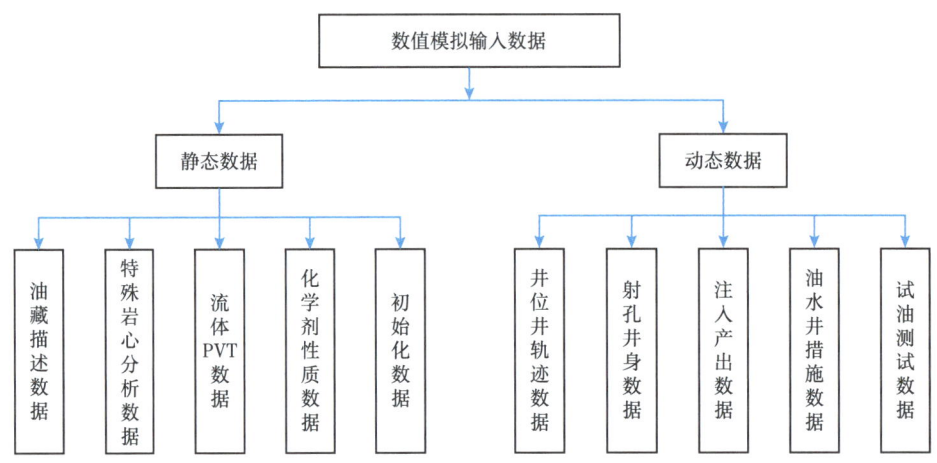

图 6-4 油藏数值模拟所需输入数据的主要类型

1）油藏描述数据

油藏描述数据主要用于描述油藏的构造、沉积相、属性和油水分布情况，通常基于地震、测井和地质研究成果所建立的地质模型数据。该类数据具体包括：网格数据、油藏构造深度、储层孔隙度、渗透率、有效厚度（或净毛比）、隔夹层厚度、原始含油饱和度、油气水界面、油气藏温度和压力特征、油气藏储量、储层及流体非均质性及水体等（图 6-5）。

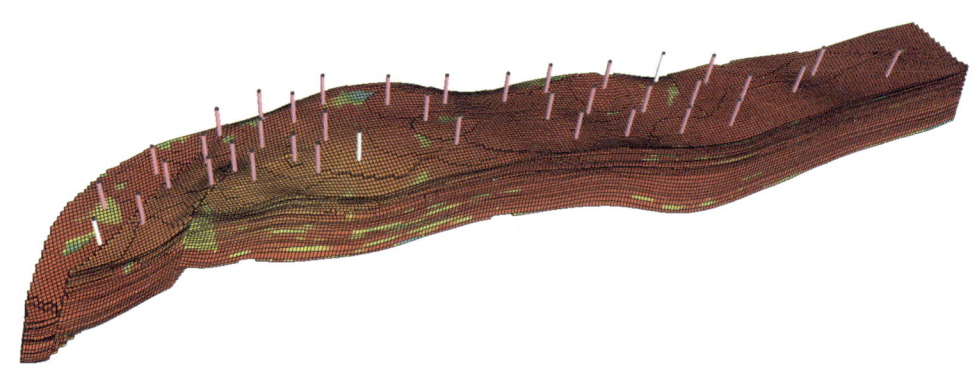

图 6-5 油藏描述地质模型数据

2)特殊岩心分析数据

特殊岩心分析数据主要来源于室内实验测定结果,主要包括相渗曲线(图6-6)、毛管力曲线及岩石的压缩系数等,对于储层非均质性比较强的油藏,可能会提供多套相关数据。

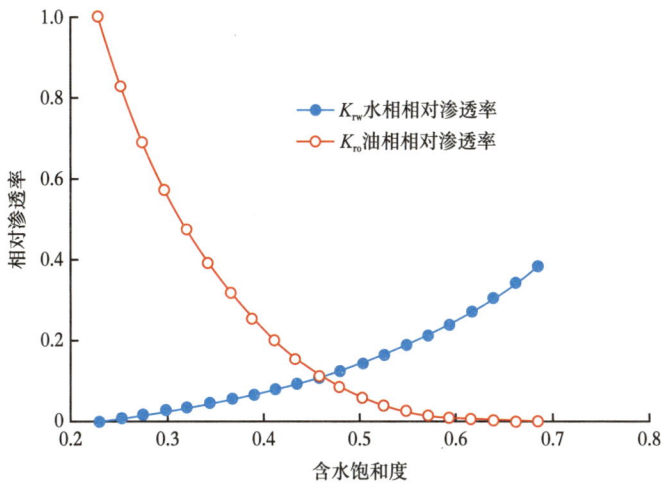

图6-6 油水相对渗透率曲线

3)流体 PVT 数据

流体 PVT 数据主要来源于室内高压物性实验测定结果,主要包括油、气、水高压物性资料,油气水的地面密度,对于流体非均质性强的油藏,可能会提供多套具有代表性的数据(表6-1)。

表6-1 原油高压物性数据表

压力/MPa	溶解气油比/(m^3/m^3)	体积系数/(m^3/m^3)	原油黏度/($mPa·s$)
5	10.1	1.036	18.1
22.5	50.7	1.072	13.1
32	70.9	1.088	11.2
39.8	91.2	1.116	10.4
41.9	102	1.12	10.2
	111.4	1.08	10
	131.7	1.073	9.8
	172.2	1.06	9.7
	192.5	1.053	9.62

4）化学剂物化性质数据

化学驱模拟需要收集化学剂物化性质数据，该数据主要来源于室内化学剂物化性质测定结果，不同的化学剂其物化性质参数不同，聚合物性质数据主要包括黏浓关系（图 6-7）、剪切流变、吸附、渗透率下降系数、不可及孔隙体积等，表面活性剂性质数据主要包括界面张力、吸附等，碱性质数据主要包括界面张力、吸附、碱溶蚀、色谱分离等（详见第五章）。

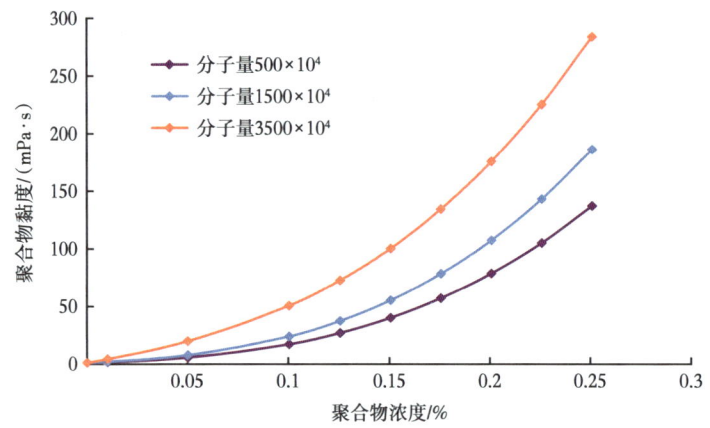

图 6-7　不同分子量聚合物黏浓关系数据

5）初始化数据

初始化数据主要来源于油层压力、温度等测试结果，主要包括油气水系统划分、油气水界面、油气藏温度和压力特征、油气藏储量分布、储层及流体空间非均质分布特征、水体大小及分布等数据（图 6-8）。

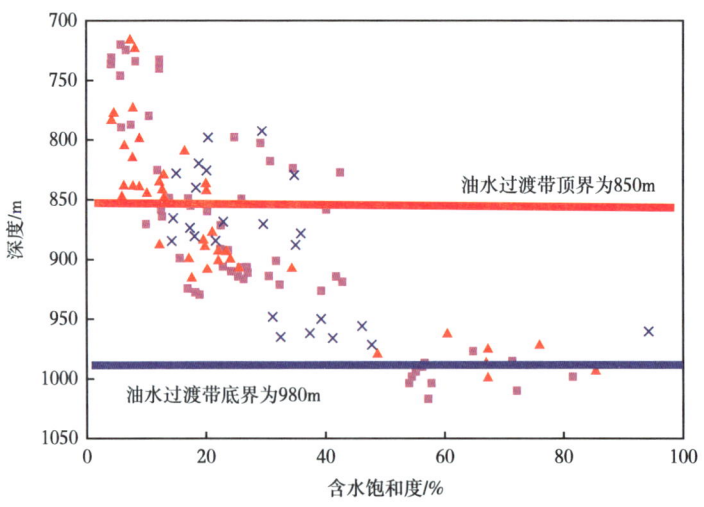

图 6-8　油水界面解释资料

6）生产动态数据

生产动态数据主要来源于油田开发过程中的各种动态资料，主要包括目标油藏所有井数据（井位、井轨迹、射孔、井身结构等）、井史动态监测数据［日产油（水、气）量、日注水（气）量及测压、产液、吸水剖面、试井、示踪剂、饱和度等］（图6-9）。

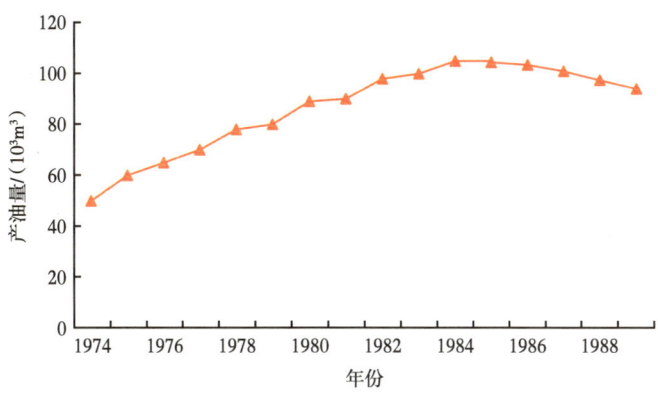

图6-9　生产动态数据

如果是其他开采方式的模拟，则需要收集与之相关的数据，如热采时需要收集原油黏温曲线数据等。本书为化学驱技术专著，因此仅就与化学驱相关的技术进行阐述。

上述数据收集完毕后无法直接用于数值模拟，需要在模拟前采用一定的方法进行预处理。

2. 数值模拟数据前处理方法

1）数据加载

油藏数值模拟输入数据的类型多种多样，不同类型的数据来源不同，格式也不同。目前常见的文件格式主要有三种：excel表格、dbf数据库和txt文本文件，除此之外，个别数据可能还有word格式和JPG格式的，因此需要针对每种类型数据文件的格式特点，制定相应的读取规则和加载方法，然后按照数值模拟所需的格式进行定制化处理。

2）数据检查

数据的质量对模拟结果至关重要。不同来源的数据良莠不齐，可能存在数据缺失、互相矛盾、重复出现等情况，因此需要对数据质量进行检查，检查方式有两种：一种是在数据输入前对数据进行人工外部检查；另一种是直接输入前处理软件，通过前处理软件进行查错。与人工查错相比，通过前处理软件来实现这一过程不仅保证了数据质量，同时也可有效地提高工作效率。

3）数据转换

在前处理过程中通常有两种数据需要进行数据转换工作：一种是地质模型数据的转换；另一种是不同数值模拟软件间数据的转换。

油藏数值模拟所需的油藏描述数据一般来源于地质模型数据，而建立地质模型的过程通常由专门的建模软件来实现。目前常用的建模软件主要有Petrel、Gptmodel和RMS，这三种建模软件建模后输出的地质模型数据格式是不同的，与数值模拟软件格式也是不同的，因此数值模拟时无法直接使用，必须通过前处理将不同建模软件数据的地质模型数据转换成数值模拟软件能够读取的格式。

目前常用的油藏数值模拟软件国外的主要有 ECLIPSE、INTERSECT、CMG 等，国内的主要有 HiSim、CHEMEOR 等。但无论哪款软件都不是无所不能的，油藏数值模拟软件也不例外。而在某些情况下，为了研究需要，不同油藏数值模拟软件间的成果需要互换互转，因此需要通过前处理软件实现不同数值模拟软件数据间的读取和转换。

4）数据计算

某些数据收集来后必须经过一定的计算后才能供油藏数值模拟软件使用，如化学剂性质参数和井的静动态数据。

化学剂物化性质参数是描述化学驱油机理的重要指标，主要包括：聚合物吸附、残余阻力系数、聚合物黏浓关系、聚合物流变性、残余油饱和度等。这些数据一般来源于室内实验测定数据，其格式通常是数据列表形式，某些油藏数值模拟软件可以数据列表格式直接输入，而某些软件则需要将实验室的列表格式的数据经过一定的数学变换，转换成数值模拟软件可读取的参数形式。传统的转换办法一般采取手工计算，不仅效率低，而且对于数值模拟的初学者来说难度大。因此可通过前处理软件将常用的参数计算过程标准化，从而提高参数计算速度。

井的静动态数据种类比较杂、数据量比较大，因此需要通过前处理软件对井的静动态数据进行处理。处理的流程为：首先从油田开发数据库或软件自有数据库中读取所需数据；然后对加载数据进行检查无误后，按指定规则条件进行井别计算、地层系数计算、射孔计算、劈分系数计算、工作制度计算等，输入输出统一数据格式的前处理数据流和观测数据流。生成的模拟井数据流存储在数据库中，能够记录整个数据流的生成过程，并随时根据需要导出指定的数据流文件。

5）数据流组装

前处理不仅需要将不同种类的数据进行个性化处理，同时还需要将地质模型、高压物性、相对渗透率、化学剂性质参数和井的动态数据等数据按照一定规则和顺序全部组装起来形成数据流文件，这个数据流文件几乎承载了油藏数值模拟所需的全部数据。

第二节　油藏数值模拟后处理技术

一、油藏数值模拟后处理基本定义

油藏数值模拟计算之后主模拟器会输出计算结果，这些计算结果包含了储层岩石流体变化和开发动态特征等信息，通常以结构化或者非结构化数据形式输出到一个或者几个文件中，其数据量比较大且比较抽象，不易直观发现其内在的规律，因此需要运用一定的技术手段将这些数据以图形、曲线和表格的形式直观快捷地展示出来，这个过程就是"油藏数值模拟后处理"（图 6-10）。油藏数值模拟后处理技术为油藏工程师直观发现油藏开发规律提供了技术手段。

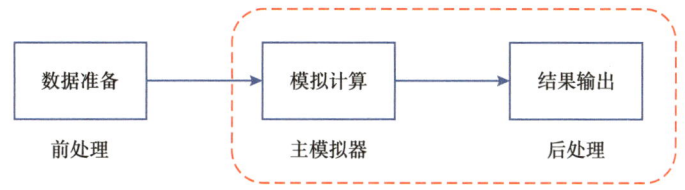

图 6-10　油藏数值模拟工作流程及后处理示意图

二、国内外油藏数值模拟软件后处理技术发展现状

目前比较主流的两款油藏数值模拟软件 ECLIPSE 和 CMG 后处理功能都比较完善，下面简要介绍其后处理技术发展情况。

1. ECLIPSE OFFICE

斯伦贝谢公司的 ECLIPSE 软件后处理模块主要包括 Result、FloViz 等模块（图 6-11），其中 Result 模块主要用于开发曲线显示，FloViz 模块主要用于二三维图形显示，Report 主要用于输出计算中的各种参数场和错误提示等信息。

2. CMG Builder

加拿大 CMG 软件用来可视化并输出数值模拟结果的后处理模块原来有三个，分别为 Results‐Graph、Results‐3D、Results‐Report，目前这三个模块已经合并成为 Results，Results 不仅可以显示二维和三维图形，还可以创建多种曲线图、输出各种模拟报告（图 6-12）。

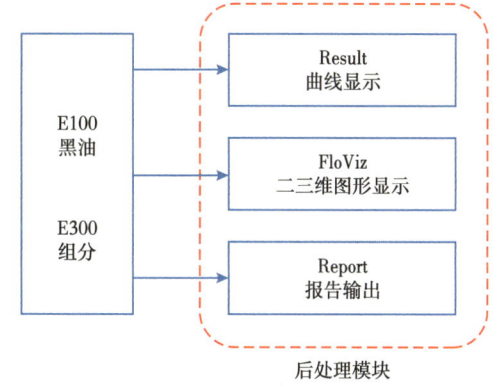

图 6-11　ECLIPSE 软件常用前处理模块示意图

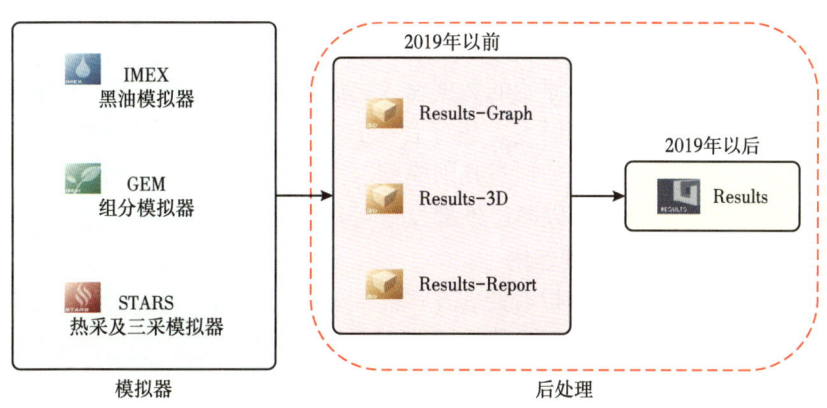

图 6-12　CMG 软件常用前处理模块示意图

三、油藏数值模拟后处理主要技术

1. 油藏数值模拟后处理的主要数据

油藏数值模拟计算后会输出大量的数据，模拟器在计算过程中已根据这些数据的类型将其以不同形式输出到不同文件中，常见的输出文件及数据主要有：静态初始化数据文件、动态数据文件、曲线数据文件、模拟运行报告文件等，这些文件和数据就是后处理的主要对象。

2. 主要技术简介

针对上述数据，油藏数值模拟后处理通常需要采用以下几项技术。

1）数据预处理技术

运用后处理进行图形可视化显示之前，需要将模拟器计算后产生的模型静态数据和动态数据先加载到后处理软件中，而后处理数据预处理技术是指在进行可视化显示之前，在数据加载的同时对数据进行一定的预处理，如数据组织结构的解析和分类、最值和平均值计算、有效网格和无效网格的识别等，这样做的目的主要有两点：一是为了满足用户各种显示需求；二是提高成图速度。

2）人机交互技术

人机交互技术也是后处理软件常用的技术之一，主要根据用户实际需要，通过菜单、图标、对话框、任务栏、屏幕、键盘和鼠标等多种方式满足用户各种操作需要，如不同属性切换、不同角度旋转、键盘输入、鼠标拾取、区域选择以及切剖面等，同时可为用户提供形式多样、内容丰富的信息，如井位坐标、网格属性、曲线数据输出等。

3）动态显示技术

在后处理过程中，某些数据随时都会发生变化，因此在进行三维可视化过程中，需要实时地进行显示。动态显示技术可以实时监测含油饱和度、压力等数据信息，将其直观地显示在系统中，为油藏工程师研究地下流体的流动规律提供重要依据。

4）计算机可视化技术

可视化技术主要应用了计算机图形学与图像处理技术，它可以将从实际中得到的数据、图形或者计算机中的数据等复杂抽象的信息转化成用户用眼睛能直接观察和获取的数据或图形。油藏可视化主要包括以下三个步骤：数据操纵、可视化映射以及图像绘制。数据操纵主要是将数据进行过滤，原始的数据输入之后需要对其进行处理，转换成适合可视化映射所需要的数据。可视化映射主要是对上一步操作得到的数据进行可视化操作，然后利用合适的模型将其描述出来，如通过几何模型、图形以及颜色等。图像绘制则是将可视化的对象进行图像显示，用户可以通过外部设备对其进行操作。

3. 油藏数值模拟后处理主要作用

基于上述技术，油藏数值模拟后处理发挥的主要作用包括：工区管理、数据管理、地质模型管理、图形绘制、曲线绘制及其他辅助功能。

1）工区管理

为了满足不同工区之间对比，后处理需要能够同时加载多个工区，这些工区通常以树状结构进行管理（图6-13），各工区数据保持相对独立，同时又可以进行对比显示分析。

2）数据管理

模拟器计算之后会输出工区数据，后处理加载后会将这些数据进行分类存储，例如，有的按照全区、井组、层、井、网格分类（图 6-14），有的按照静态和动态分类，有的按照压力、产油、产水、注水等开发指标分类，因此不同软件后处理数据管理的方式多种多样，但管理的内容大体相同。

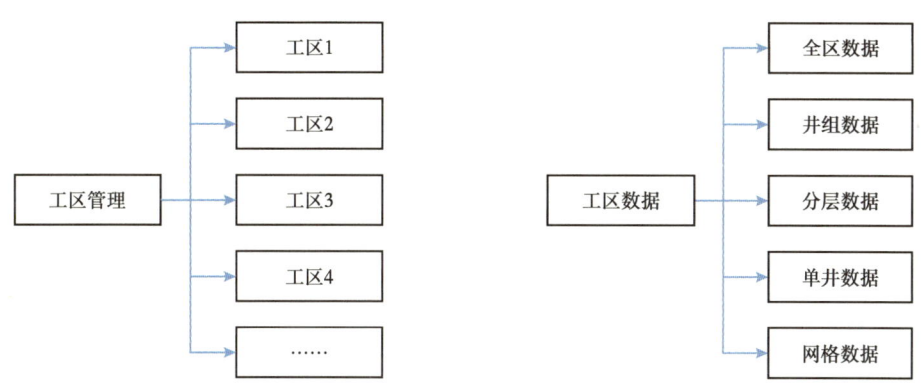

图 6-13　后处理工区树状管理结构示意图　　图 6-14　后处理数据管理模式示意图

3）地质模型管理

与前处理相比，经过多次计算后，静态模型参数、动态井参数及计算结果均进行了多次调整，每次调整对应一个地质模型及结果，因此需要通过后处理对一个模拟工区下面包含的多个地质模型进行管理，每个地质模型参数不同，但类别相同。后处理中的地质模型数据通常包含的内容有：静态模型数据（网格维数、网格步长、深度、厚度、渗透率、孔隙度、饱和度、初始压力等）、动态模型参数（压力场、饱和度场、浓度、黏度等随时间的变化）（图 6-15）。

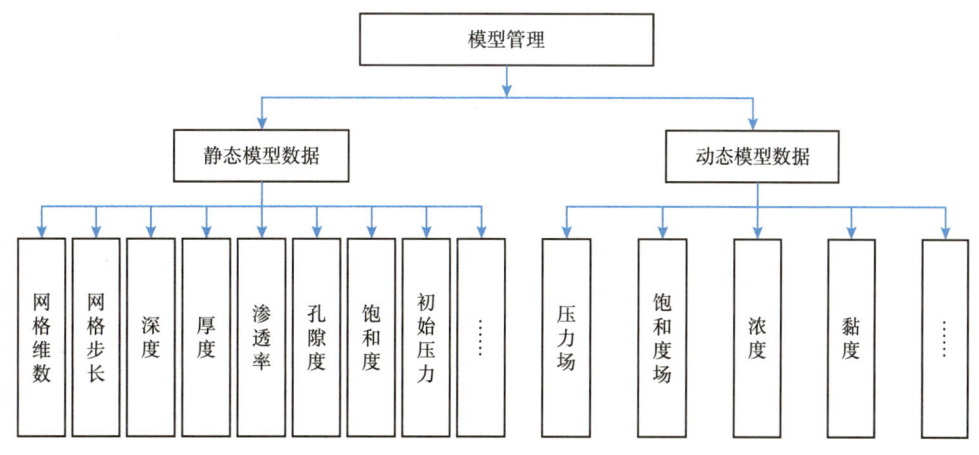

图 6-15　后处理地质模型管理模式示意图

4）图形绘制

常用的后处理图形绘制技术主要包括两大类：一类是二维平面图绘制；另一类是三维立体图绘制。其中基本的二维平面图包括二维网格图、平面井位图、等值图、泡状图、注入产出剖面图等，三维立体图包括三维网格图、井柱状图、栅状图、联井剖面图、流线图等。这些图幅以不同形式、不同角度直观展示数值模拟计算结果，从而辅助油藏工程师更好地认识油藏、了解油藏中各种参数场的分布（图6-16）。

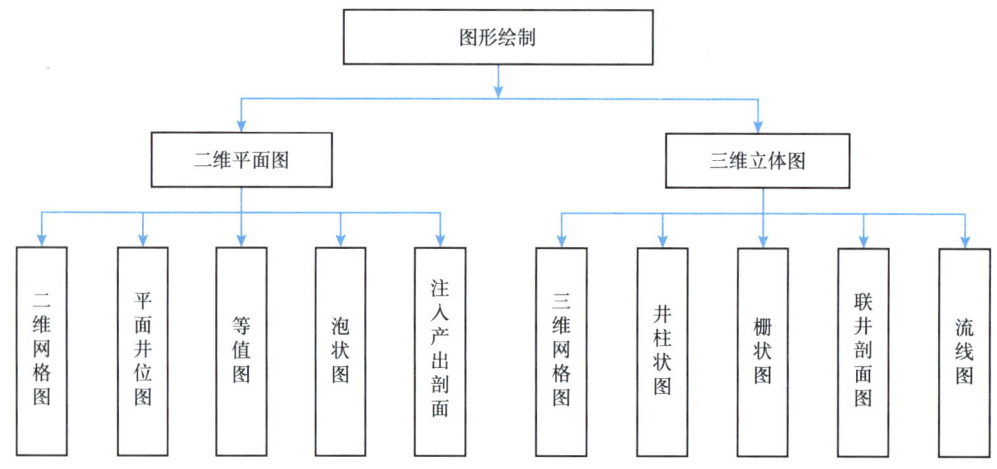

图6-16　后处理图形绘制示意图

5）曲线绘制

油藏数值模拟后处理绘制技术主要用于绘制油田的油、气、水产量，油田综合含水率变化曲线，油田压力变化曲线；单井油、气、水产量变化曲线；单井井底压力变化曲线；单井含水率、油气比变化曲线等。

第三节　大庆油田化学驱数值模拟前后处理一体化集成平台

大庆油田自主研制了化学驱数值模拟器，同时研发了配套的前后处理一体化集成运行平台。目前，该平台已在油田推广应用，极大地提高了数值模拟的工作效率和精度。本节主要介绍大庆油田化学驱数值模拟前后处理一体化平台设计思路、模块划分和各模块基本功能。

一、软件开发总体设计

化学驱数值模拟前后处理一体化集成平台的研制遵循4个原则：实用性、模块化、易操作和美观性。其总体目标是搭建一个风格统一、操作一致、项目管理界面化、数据处理流程化、作业运行与调度自动化、前后处理软件交互化的一体化集成运行平台。其功能设计如图6-17所示。

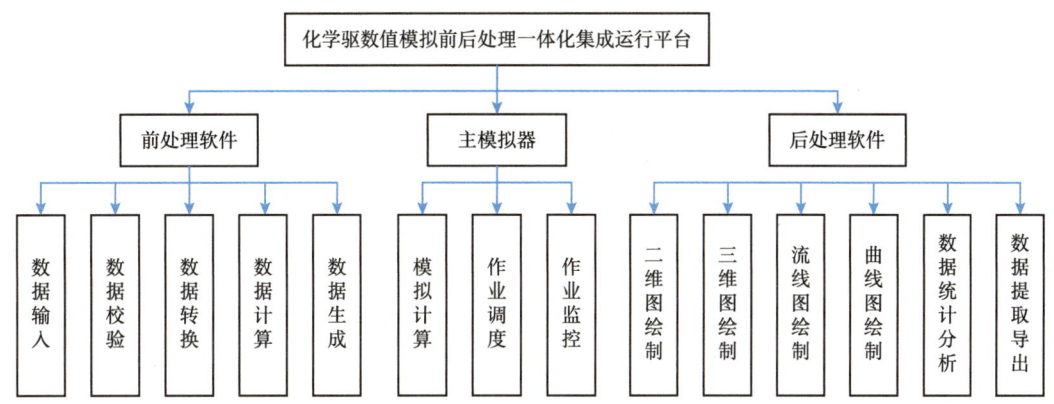

图 6-17　化学驱数值模拟前后处理一体化集成运行平台功能设计图

为实现上述功能，分 5 个功能模块进行独立研制，主要包含数据流前处理与组装、化学剂物化性质参数计算、动态数据处理、后处理曲线显示、二三维场图形显示，这些功能模块统一在一起集成形成一体化平台，它们既相互独立，又可通过集成平台相互调用，相辅相成。集成后的一体化平台界面如图 6-18 所示。

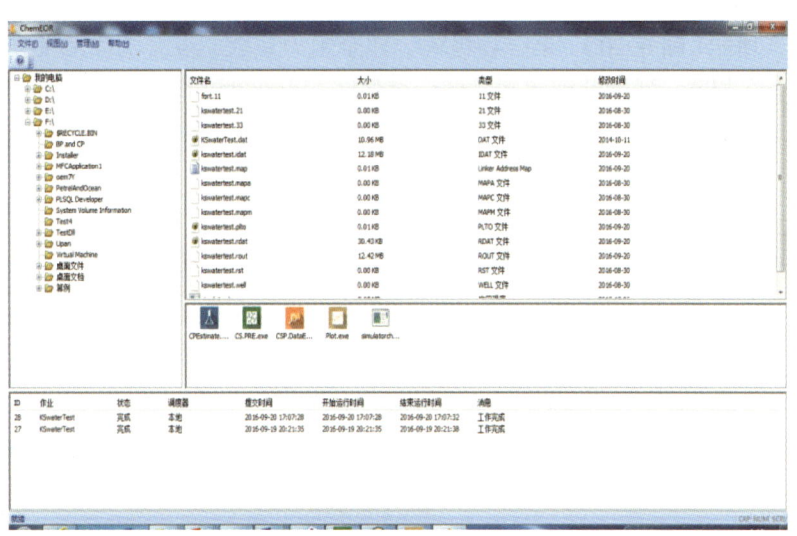

图 6-18　化学驱数值模拟前后处理一体化集成运行平台界面

二、各模块基本功能

1. 化学驱数值模拟数据前处理软件

1）数据流前处理与组装

数据流前处理与组装模块能通过可视化窗口（图 6-19）直接填写属性参数，或通过导入数据库中数据，或建模形成的数据来形成和编辑自主研发数值模拟软件最基本的数据流 dat 文件和 obs 文件。可利用现有数据流将其部分或全部内容替换后产生，并可依据用户需求读写处理后按照用户指定的格式输出。

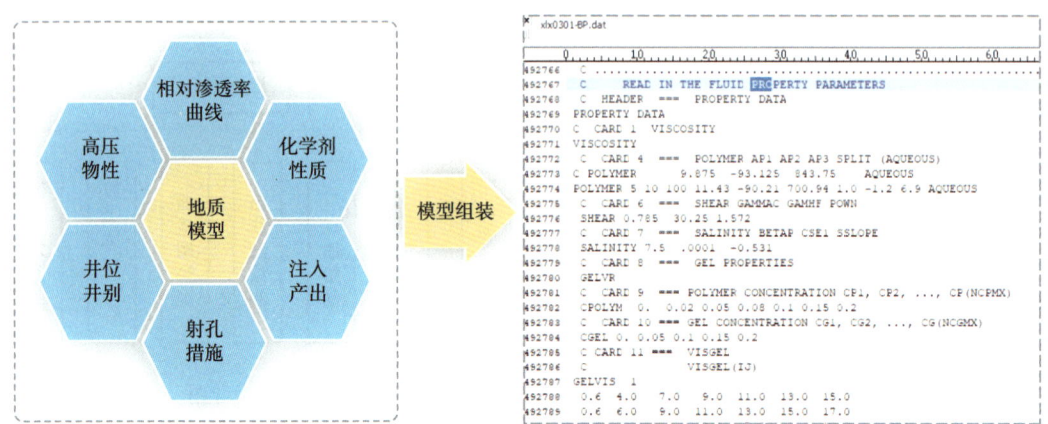

图 6-19 数据流组装示意图

2）化学剂物理化学性质参数计算

以化学剂物化性质参数求解计算数学模型为基础，开发了具备可视化计算功能的软件，不仅提高了参数求解计算的质量，而且易于操作。目前，具备 8 个方面的化学剂物化性质参数估算功能（图 6-20）：聚合物吸附、残余阻力系数、聚合物黏浓关系、聚合物流变性、束缚水饱和度、残余油饱和度、聚合物弹性、表面活性剂与碱竞争吸附。

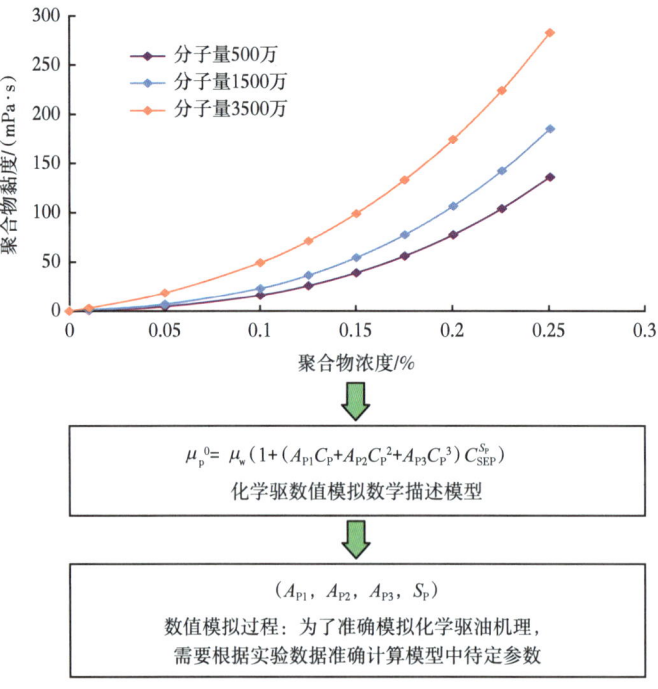

图 6-20 化学剂物化参数求解计算软件基本功能

3）动态数据处理

井工作制度数据处理软件，可直接从油田开发数据库或软件自有数据库中按指定条件查询、加载、展示、计算、查错、提取研究区块的静态和动态数据，在模块中按用户需要输入输出统一数据格式的前处理数据流和观测数据流（图6-21）。

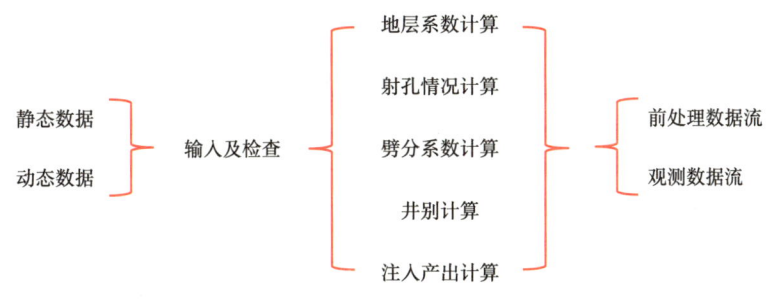

图6-21 动态数据处理流程图

4）数据转换

数据转换模块主要有两方面作用：一是可加载不同建模软件导出的模型网格数据（矩形网格和角点网格）、场属性数据、断层数据和井数据，并能将其按指定格式写入数据流相应的位置（图6-22和图6-23）；二是由于不同数模软件的数据流关键字和格式不同，因此需要研发数值模拟软件数据流转换接口，实现不同数值模拟软件间数据流文件的转换。

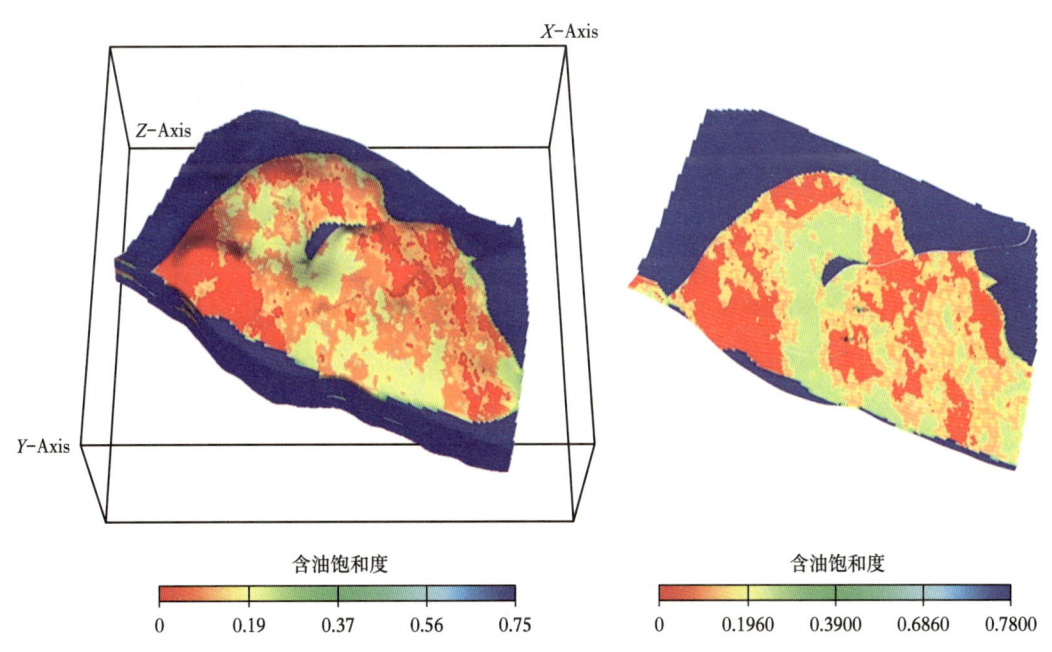

图6-22 建模模型转换前后饱和度场图

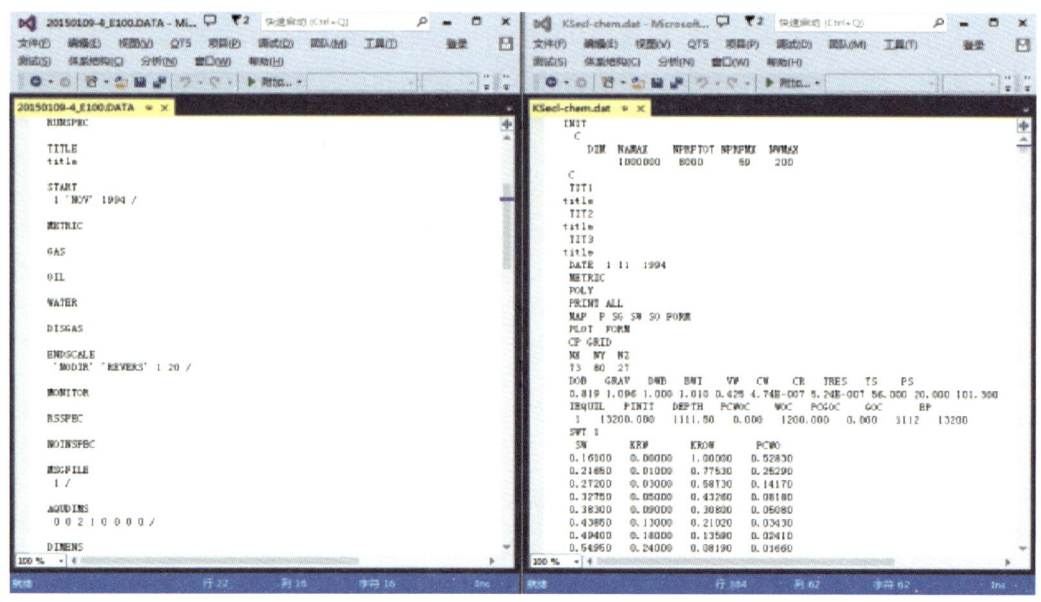

图 6-23 不同数值模拟软件间数据流转换对比图

2. 主模拟器

主模拟器主要负责数值模拟作业计算、运行调度和实时监控等任务,本节着重讲述作业调度和实时监控功能。

1)作业调度

数值模拟作业的运行调度(图 6-24),可通过界面操作实现模拟作业的本地运行与远程调度运行,并将模拟运算结果以图形化方式实时反馈到客户端,客户端可根据模拟运算结果,实现对作业的终止。

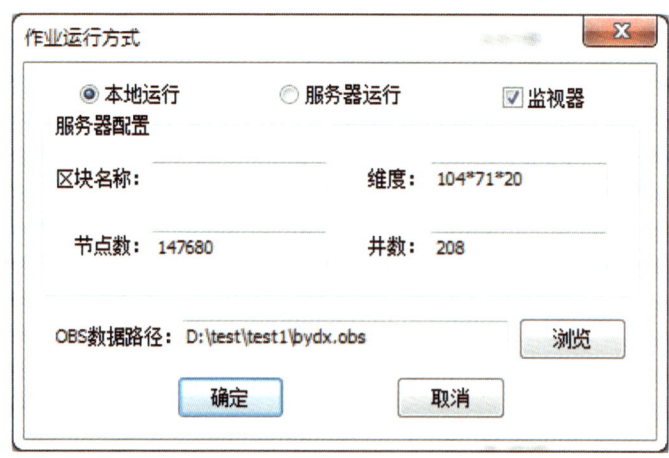

图 6-24 作业调度运行界面

2）作业监控

作业状态实时监控功能（图6-25），可将本地或远程运行的作业实时反馈到客户端界面上，实现了模拟运算结果的图形化显示，并可实现模拟观测数据与计算数据对比显示。

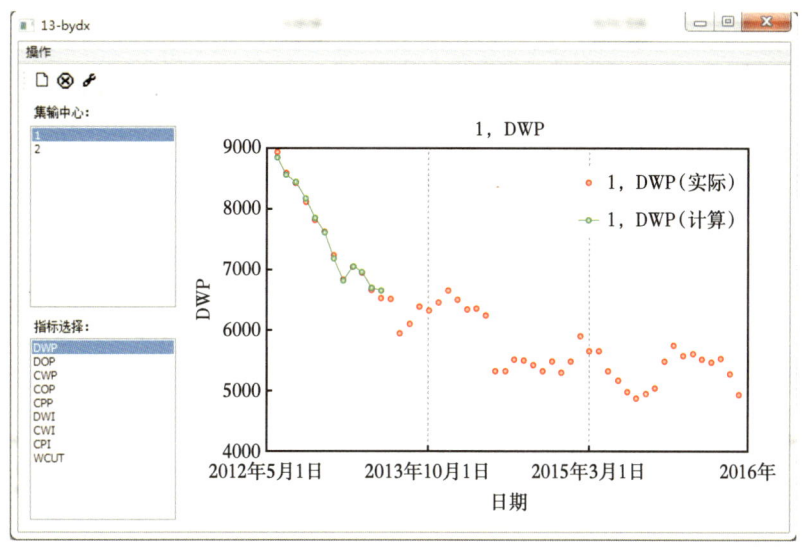

图6-25 实时曲线显示

3. 化学驱数值模拟后处理模块

1）化学驱数值模拟后处理曲线显示模块

化学驱数值模拟后处理曲线显示模块，能够加载多个数值模拟观测数据与计算结果数据，并将数据以图形化方式进行展示（图6-26和图6-27），为数据对比分析提供了有利的

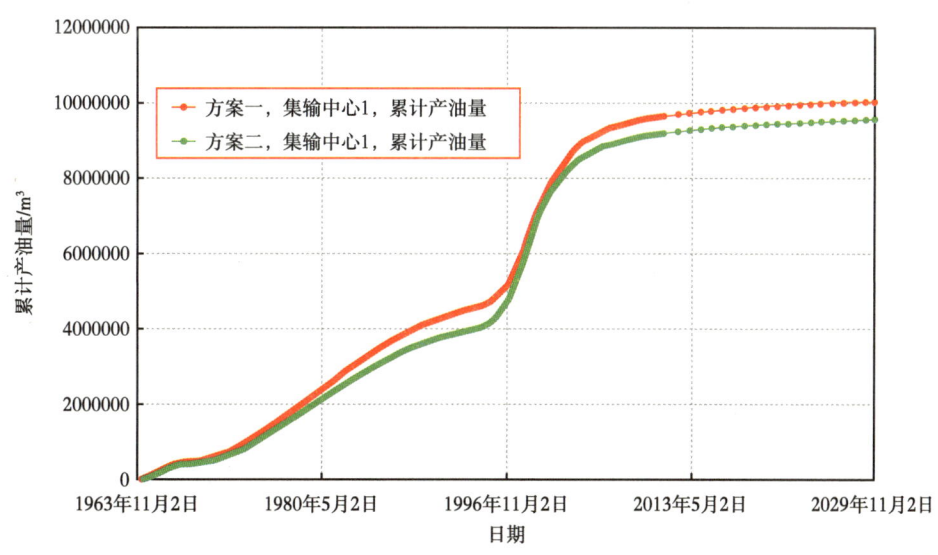

图6-26 多方案对比显示图

	日期	累计产油量 井:2(计算)	累计产油量 井:1(计算)	累计产油量 井:3(计算)
1	19651101	348.05	105.74	241.38
2	19651201	496.01	253.59	389.33
3	19660101	522.41	279.98	415.73
4	19660201	539.17	296.74	432.5
5	19660301	550.98	308.54	444.32
6	19660316	553.59	311.16	446.95
7	19660401	592.29	349.85	485.65
8	19660501	698.34	455.89	591.71
9	19660601	884.52	642.02	777.84
10	19660701	1211.88	732.89	1012.98
11	19660801	1338.97	859.95	1140.02
12	19660901	1394.88	915.84	1195.91
13	19661001	1411.63	932.59	1212.67
14	19661101	1461.58	982.54	1262.62
15	19661201	1496.46	1017.42	1297.51
16	19670101	1550.66	1071.62	1351.73
17	19670201	1550.66	1098.58	1378.71
18	19670301	1586.81	1134.72	1414.86
19	19670401	1640.45	1188.34	1468.52
20	19670501	1728.33	1276.16	1556.44
21	19670601	1814.59	1362.28	1642.73
22	19670701	1853.31	1400.91	1681.47
23	19670801	1916.03	1463.38	1744.21
24	19670901	1968.53	1515.54	1796.73

图 6-27 对比曲线数据表显示界面

可视化操作工具。后处理曲线显示软件主要具有以下四种功能：单方案、多方案显示；单指标、多指标显示；单对象、多对象显示；数据提取功能等。

2）化学驱数值模拟二三维场图形显示后处理模块

研制的二三维场图形显示后处理模块 Rainbow 具备图形绘制、数据管理、模型管理和辅助管理四大功能（图 6-28），其功能实用、界面友好、使用灵活、操作便捷。

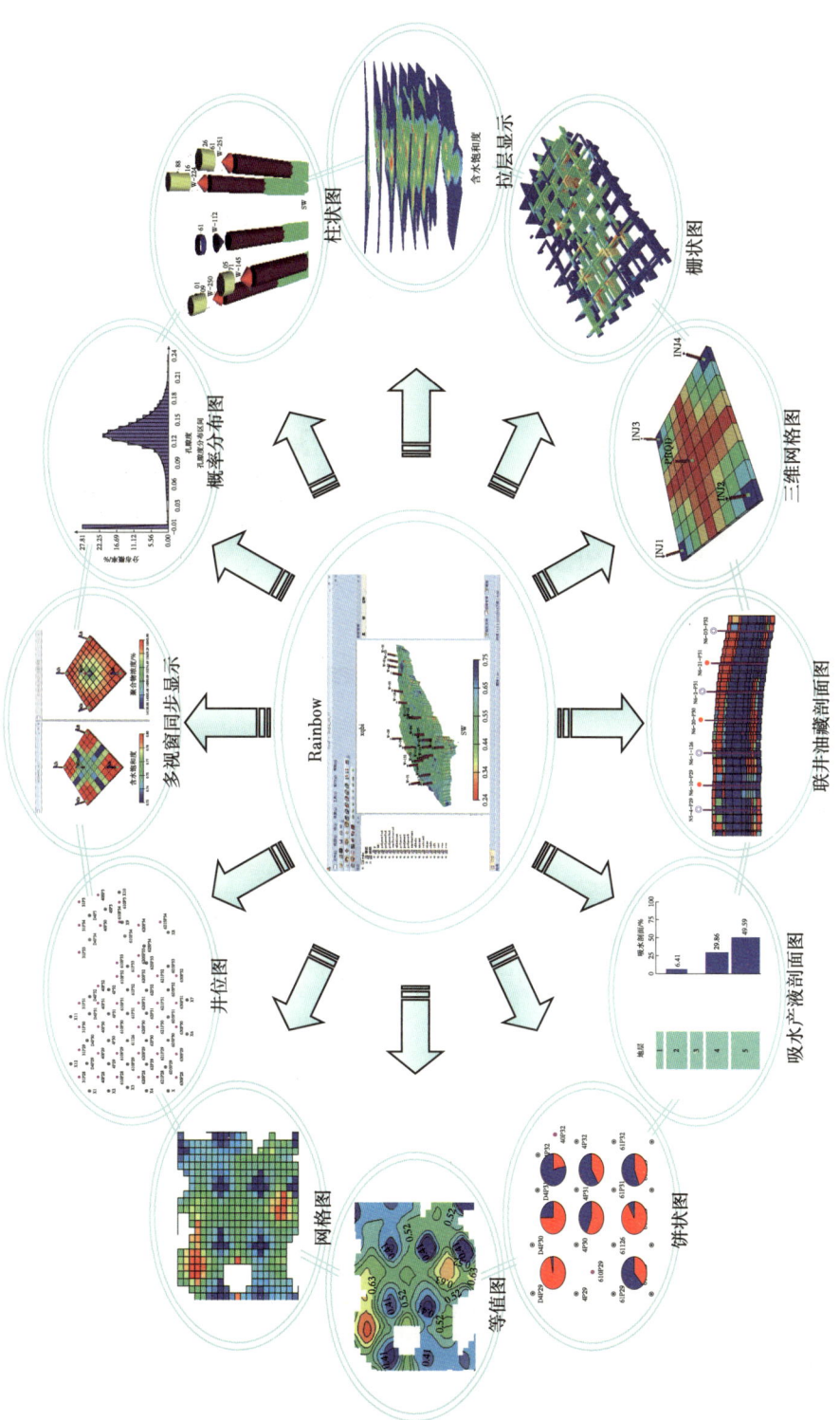

图 6-28 Rainbow软件的主要功能

三、六大特色功能

大庆油田化学驱数值模拟前后处理一体化平台不仅具备常规的后处理功能，同时还拥有六大特色功能，这些功能不仅为化学驱数值模拟研究提供了高效工具，而且极大地提升了化学驱数值模拟器的工程化水平。

1. 图形多窗口显示

在同一窗口中可以不同图幅显示多个项目的模型，并在不同模型中投入不同的属性并进行对比，为地质综合分析提供了方便条件（图6-29）。

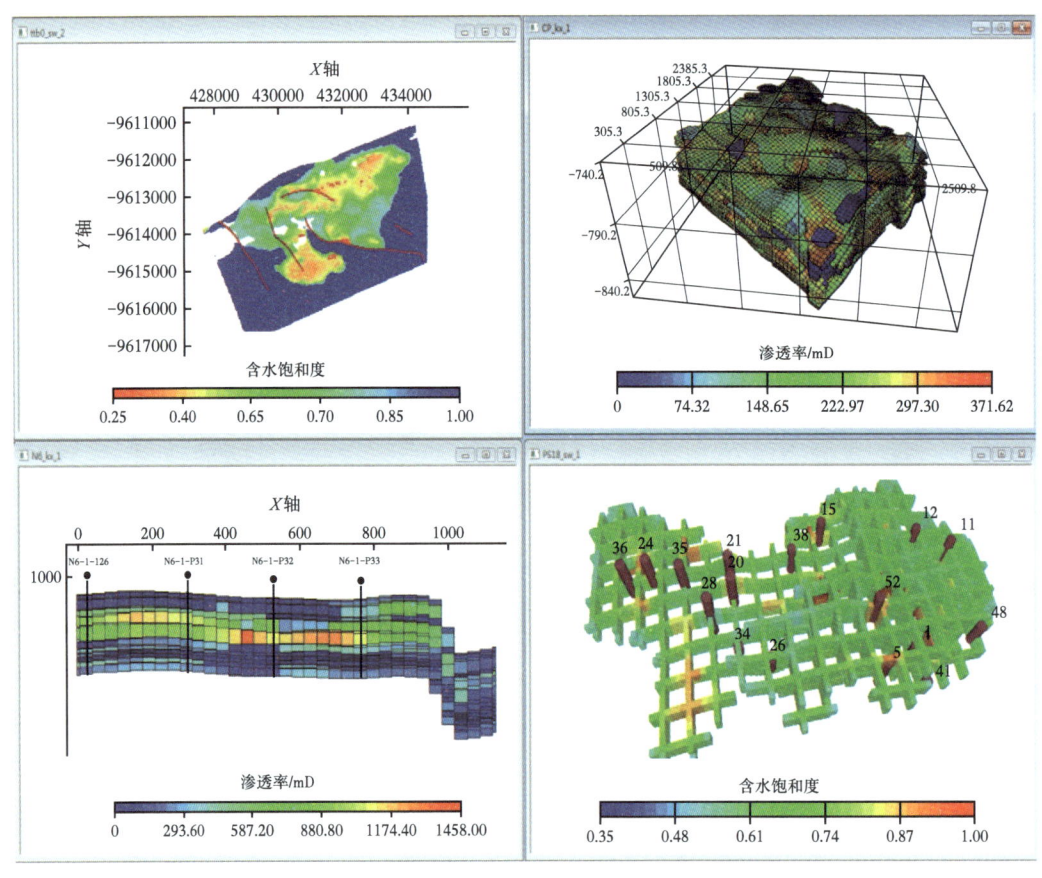

图6-29　图形多窗口显示

2. 二维和三维动画联动与录制

可将多个窗口中的二维或三维图形进行动画联动播放，并可快速录制窗口中油藏参数动态变化过程，录制的动画可插入PPT中进行汇报（图6-30）。

3. 单井吸水产液剖面图绘制

可将每口井、每个射孔层的静态属性和动态属性，可辅助油藏工程师进行单井吸水、产液状况分析（图6-31）。

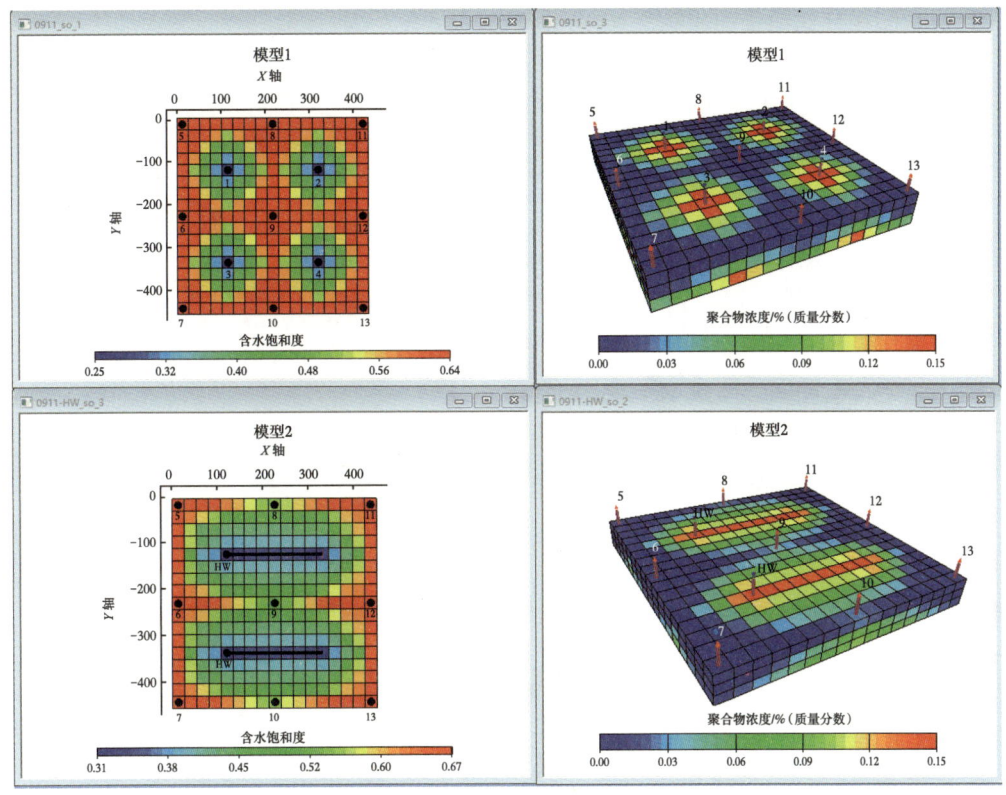

图 6-30　二维和三维动画联动与录制

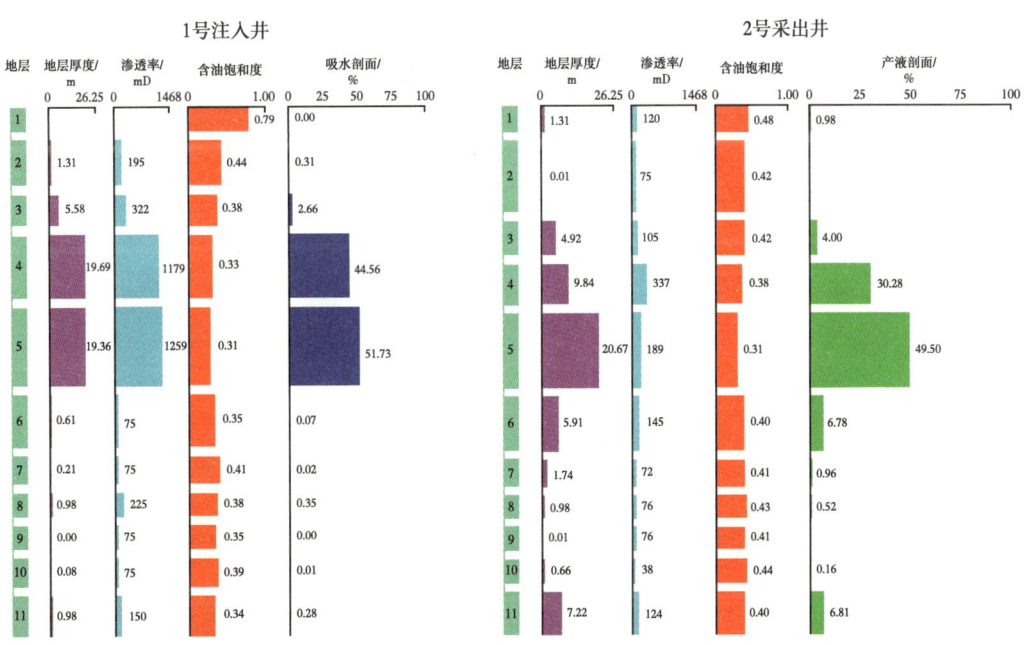

图 6-31　单井吸水产液剖面图绘制

4. 饼状图和柱状图叠加绘制

可在二维平面图和三维图上叠加饼状图和柱状图，饼状图和柱状图可直观显示任意时间每口井、每个射孔层的开采现状（图6-32）。

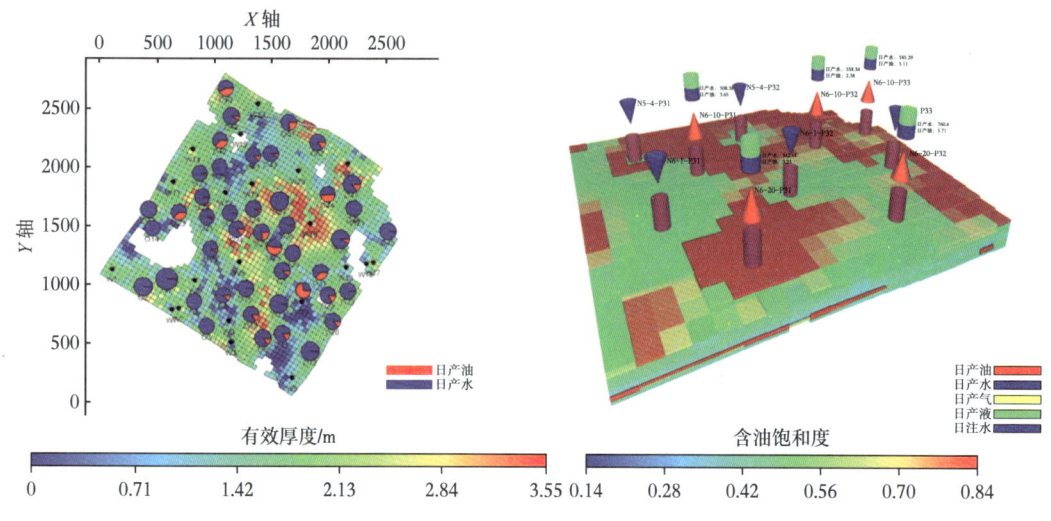

图6-32 饼状图和柱状图叠加绘制

5. 等值线叠加绘制

可在二维平面图叠加显示等值线，等值线条数可根据需要进行抽稀和添加，并可进行线型、颜色填充和标签设置（图6-33）。

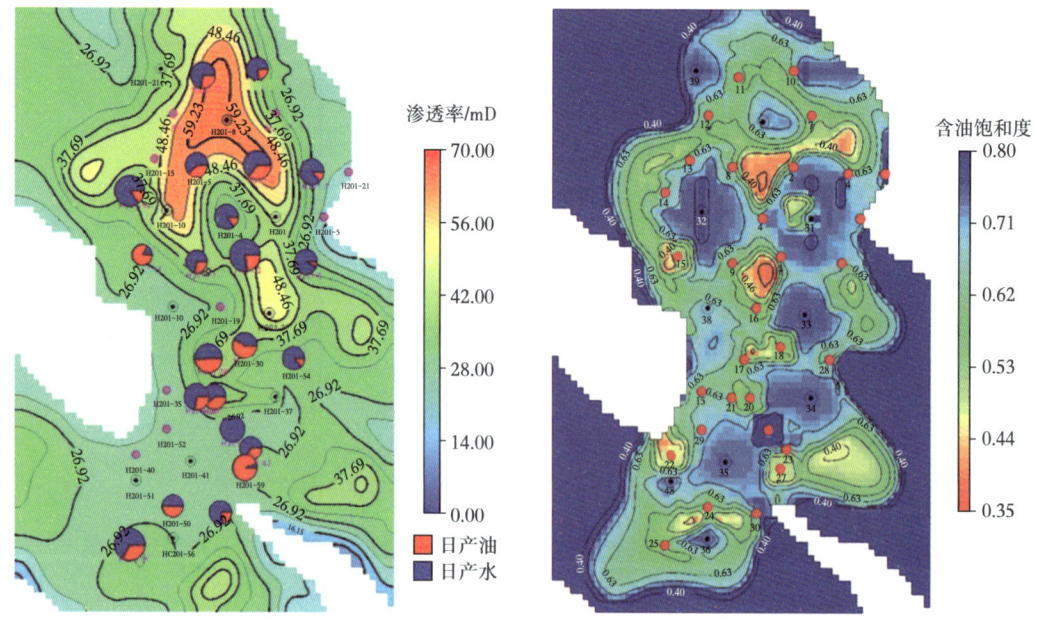

图6-33 等值线叠加绘制

6. 联井剖面图绘制

可根据用户需求沿任意切线绘制联井剖面图,便于油藏纵向连通关系分析(图 6-34)。

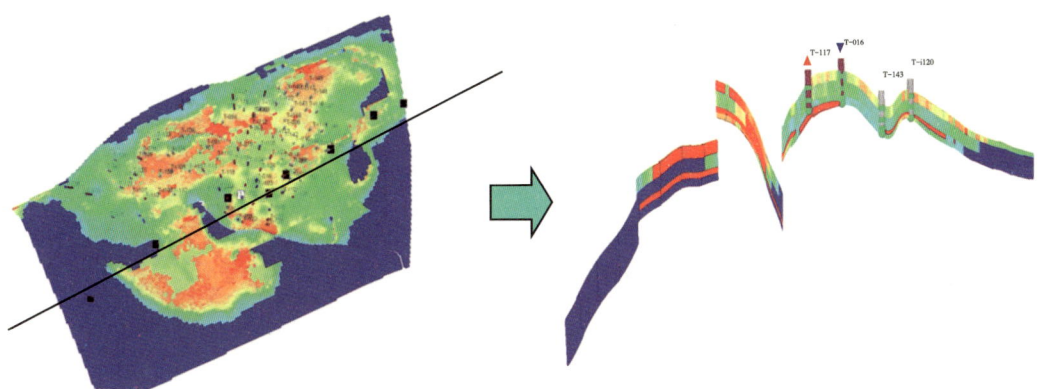

图 6-34　联井剖面图绘制

第七章 化学驱数值模拟技术应用实例

化学驱数值模拟软件 CHEMEOR 已成功应用于大庆油田科研和生产实践中，本章给出了聚合物驱和三元复合驱的 5 个应用实例。

第一节 聚合物驱应用实例

一、南一区东块 1# 站高浓度聚合物驱数值模拟研究

1. 地质概况及聚合物驱开发简史

南一区东块 1# 注入站位于萨中开发区南一区东块西北角，紧邻东 7 排，含油面积 2.0km² （图 7-1）。共有油水井 26 口（油井 12 口、水井 14 口），开采层位葡 I 1-4，钻遇砂岩厚度 12.8m，有效厚度 10.9m，平均渗透率 0.655D，原始地层压力 10.97 MPa，饱和压力 9.2MPa，破裂压力 13.4 MPa，地下原油黏度 8.2~9.3mPa·s，原始气油比 46.6~47.7m³/m³，原油性质中等。有效孔隙体积 490.571×10⁴m³，地质储量 283.508×10⁴t。

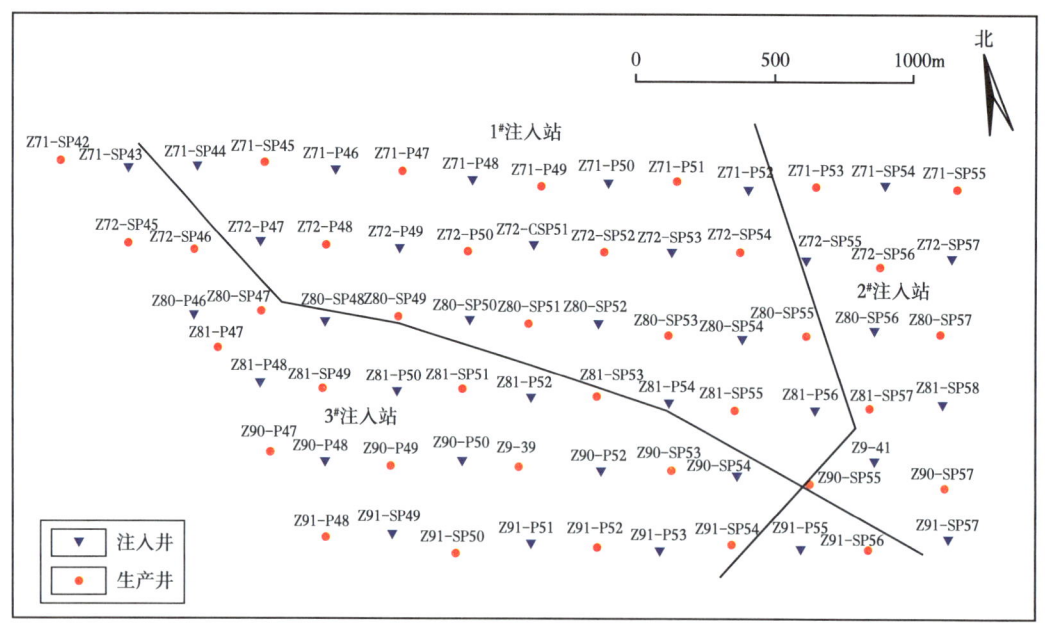

图 7-1　南一区东块 1# 注入站井位图

平面上沉积微相发育主河道、废弃河道、决口水道、河间砂、河间淤泥、水下分流河道、前缘相表内席状砂、前缘相表外席状砂。河道砂较发育，钻遇厚度比62.3%。1#注入站由于紧邻水井排，其含水饱和度高达47.4%（表7-1）。

表7-1 南一区东块1#注入站沉积单元数据表

单元	河道砂		非河道砂		表外/m	砂岩厚度/m	有效		渗透率/D	含水饱和度/%	束缚水饱和度/%
	厚度/m	占比/%	厚度/m	占比/%			厚度/m	占比/%			
葡Ⅰ1	23.1	57.9	16.8	45.9	9.2	39.9	36.6	91.7	0.721	46.8	18.8
葡Ⅰ2	106.4	70.9	43.7	33.9	12.1	150.1	128.8	85.8	0.754	47.5	18.7
葡Ⅰ3	41.4	62.6	24.7	44.0	18.5	66.1	56.2	85.0	0.521	46.6	21.0
葡Ⅰ4	35.7	47.2	39.9	65.7	11.2	75.6	60.7	80.3	0.529	48.1	20.3
合计	206.6	62.3	125.1	37.7	51	331.7	282.3	85.1	0.655	47.4	19.5

2002年10月，南一区东块1#注入站聚合物驱井投产进行空白水驱，采用五点法布井方式，井距250m×250m。2005年5月注聚合物，方案设计注入聚合物分子量为2500×10⁴，注入浓度2000mg/L，聚合物用量1280mg/L·PV。

至2009年7月，全站14口注入井，日配注1562m³，日实注1513m³，平均注入压力11.81MPa，平均注入浓度1900mg/L，聚合物用量900.7mg/L·PV，累计注入地下孔隙体积0.48PV，累计注入聚合物干粉量4798.86t，累计注入聚合物溶液338.3909×10⁴m³（图7-2）。

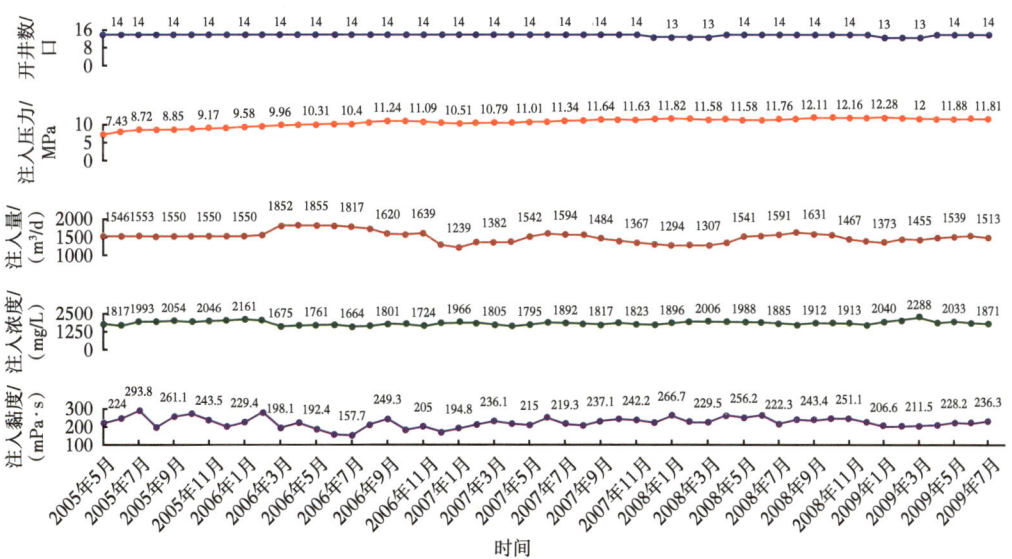

图7-2 南一区东块1#注入站全区注入曲线

全站12口油井，日产液808t，日产油141t，综合含水率82.56%，累计产油量26.8953×10⁴t，聚合物驱阶段采出程度9.49%，至2009年7月总采出程度49.66%，提高采收率8.18%（图7-3）。

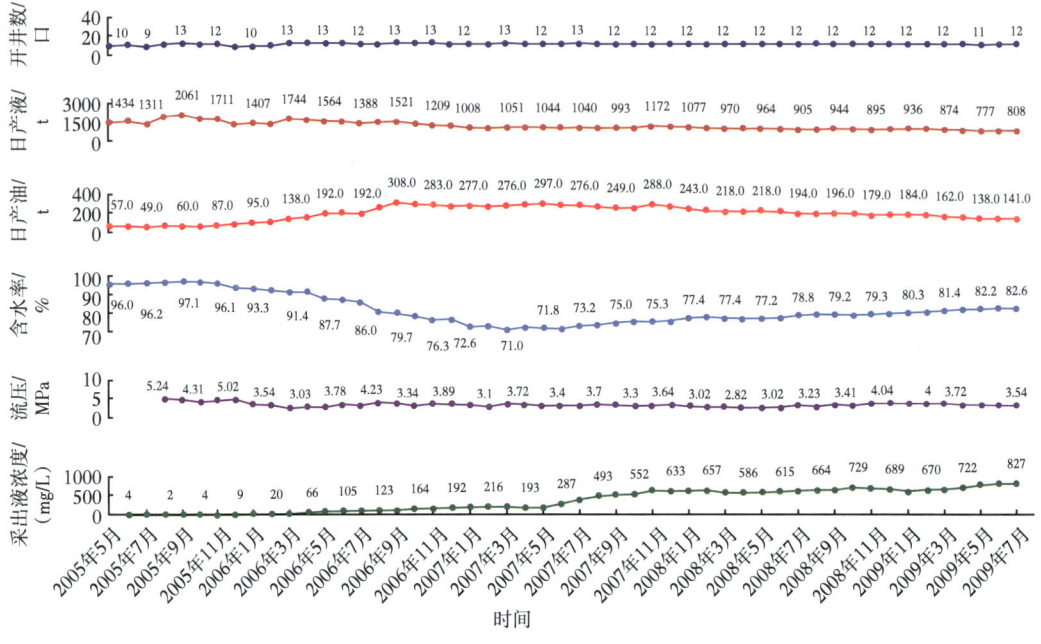

图 7-3 南一区东块 1# 注入站全区开采曲线

2. 数值模拟研究

1）油藏数值模拟地质模型的建立

选取高浓度聚合物驱井网区域外界为地质模型边界，平面网格划分为 82×37 个，网格划分和井位分布如图 7-4 所示。纵向上分 5 个层，分别为葡 I 1、葡 I 2a、葡 I 2b、葡 I 3、葡 I 4 沉积单元，总网格节点数为 15170 个，X 方向空间步长 38.4m，Y 方向空间步长 39.0m（图 7-4）。

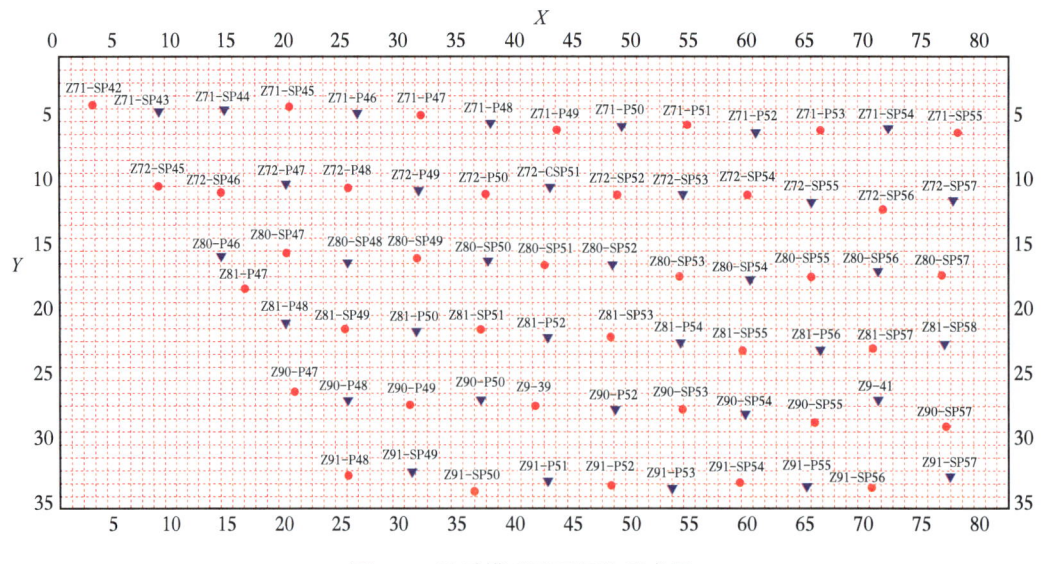

图 7-4 地质模型平面网格示意图

2）高浓度聚合物驱数值模拟参数

为了获得数值模拟模型中输入的聚合物参数，通过大量的实验测量和岩心驱替实验，主要包括聚合物溶液的黏度、流变系数、渗透率下降系数、弹性及吸附等，得到的参数如下。

浓度——黏度关系方程中的系数：

ap1：10；ap2：10；ap3：1000。

流变特征参数（Shear 卡）：

gammac：0.82；gamhf：30.0；pown：1.57。

含盐量参数（Salinity 卡）：

betap：7.5；csel：0.00001；sslope：-0.531。

渗透率下降系数参数：

brk：20；crk：-1.79。

聚合物弹性与残余油饱和度关系方程中的系数：

hvr：0.05。

聚合物第一法向应力差方程中的系数：

cn1：2.1；cn2：210。

聚合物吸附方程中的系数：

Plad：5、100。

3）聚合物驱数值模拟历史拟合

高浓度聚合物驱的历史拟合时间跨度从 2002 年 10 月聚合物驱井投产进行空白水驱开始，至 2009 年 7 月。

地质模型动态生产数据处理过程中尽管对周围观察生产井的产液量进行了相应分配，但是区域边界上的注采井会受到区域外开发过程的影响，一方面因为数值模拟地质模型是封闭不流动边界，另一方面实际油藏不同区块之间流体交换也无法搞清楚，造成数值模拟过程中无法模拟模型中处在边界上的井受边界外生产的影响，所以对周围生产井不做重点动态跟踪拟合，而将动态跟踪拟合的重点放在区块中心生产井上，只对中心井区进行历史拟合。

拟合的主要指标有生产井的日产油量、日产水量和压力。对于全区指标的拟合是通过调整流体的相对渗透能力和调整聚合物的相关参数来拟合完成的。对于单井的生产指标是通过调整井区周围局部地层参数和聚合物参数的方法进行的。

通过调整油藏性质参数和化学剂性质参数达到了历史拟合的目标，主要调整的参数有黏浓参数、不可及孔隙体积、渗透率下降系数、吸附参数、孔隙度及渗透率，其中黏浓参数影响含水率下降幅度，对含水率下降时机影响不大，增大黏浓参数含水率回升速度加快；不可及孔隙体积影响含水率下降时机和含水率下降幅度，且影响含水率回升速度；渗透率下降系数影响含水率下降幅度，对含水率下降时机和含水率回升速度影响不大；吸附参数影响含水率下降幅度和含水率下降时机，吸附减小含水率下降时机提前，下降幅度加大，含水率回升速度基本不变；孔隙度影响含水率下降时机，调小孔隙度含水率下降时机提前，含水率回升速度基本不变；渗透率影响含水率下降时机和含水率下降幅度，渗透率调大含水率下降时机提前，下降幅度减少，含水率回升速度基本不变。

为了应用数值模拟方法进一步验证聚合物弹性是否提高微观驱油效率，进行了两种驱油机理的历史拟合，第一种数值模拟研究不考虑聚合物溶液弹性驱油机理数值模拟历史拟合，第二种数值模拟研究考虑聚合物溶液弹性提高微观驱油效率数值模拟历史拟合。

在不考虑聚合物溶液弹性提高驱油效率情况下，数值模拟过程中驱油机理主要是聚合物驱油，聚合物溶液的高黏度能够改善油水相间的流度比，抑制注入液的突进，达到扩大波及体积，提高采收率的目的。根据这样的驱油机理数值模拟完成的拟合，日产油量和日产水量可以得到较好的拟合结果，但是压力指标拟合不好，说明地下孔隙介质中聚合物溶液的黏度和实际不符合，图7-5、图7-6和图7-7给出了不考虑聚合物溶液弹性功能的数值模拟历史拟合结果，图7-7显示压力数据的计算结果与实际的观测结果存在较大差异。计算结果与实际观测结果存在着较大的差异的原因主要是在较低的黏度下，缺少聚合物溶液弹性作用增加的驱替效率，改善的流度比和增加的波及体积不能从孔隙介质中开采出大量的原油，只能靠增加聚合物溶液的黏度来进一步改善流度比和增加波及体积，导致地层压力不准确。仅仅依靠黏度驱油机理无法对聚合物驱油过程进行数值模拟研究，必须考虑聚合物弹性驱油机理的作用。

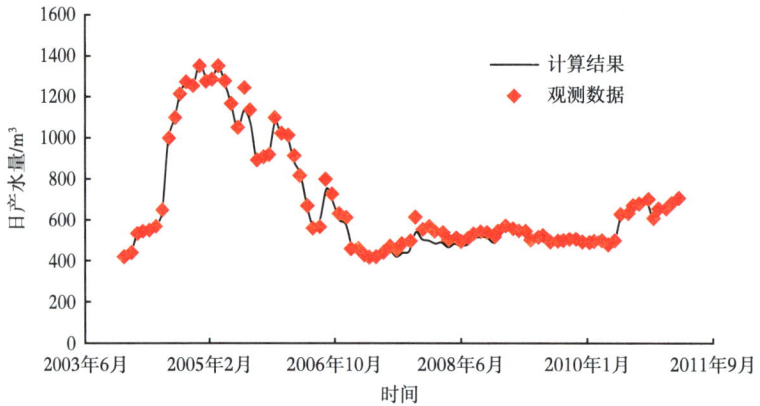

图7-5　不考虑弹性的中心井区日产水量拟合结果

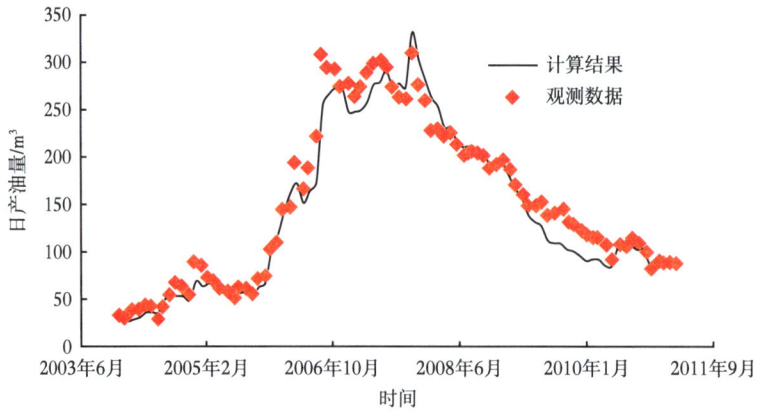

图7-6　不考虑弹性的中心井区日产油量拟合结果

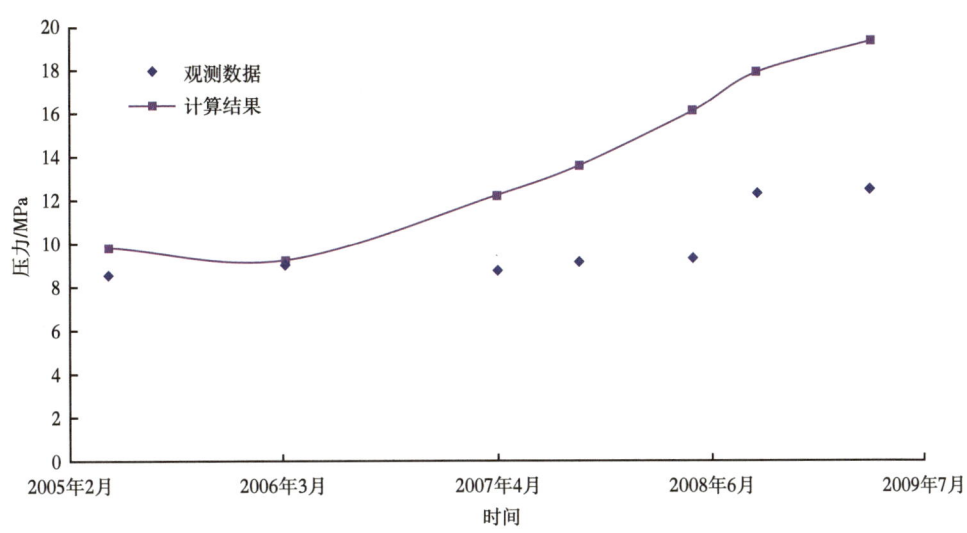

图 7-7 不考虑弹性的压力拟合结果

在考虑聚合物溶液弹性提高驱油效率的情况下，对试验区进行了历史拟合，此时聚合物的驱油机理除增加了水相黏度，改善油水流度比外，还考虑了聚合物溶液的弹性提高微观驱油效率模拟功能。考虑聚合物弹性驱油机理后，日产油量、日产水量、含水率及压力均取得了较好的拟合结果，图 7-8、图 7-9 和图 7-10 给出了中心井区的日产油量、日产水量和压力的拟合结果。

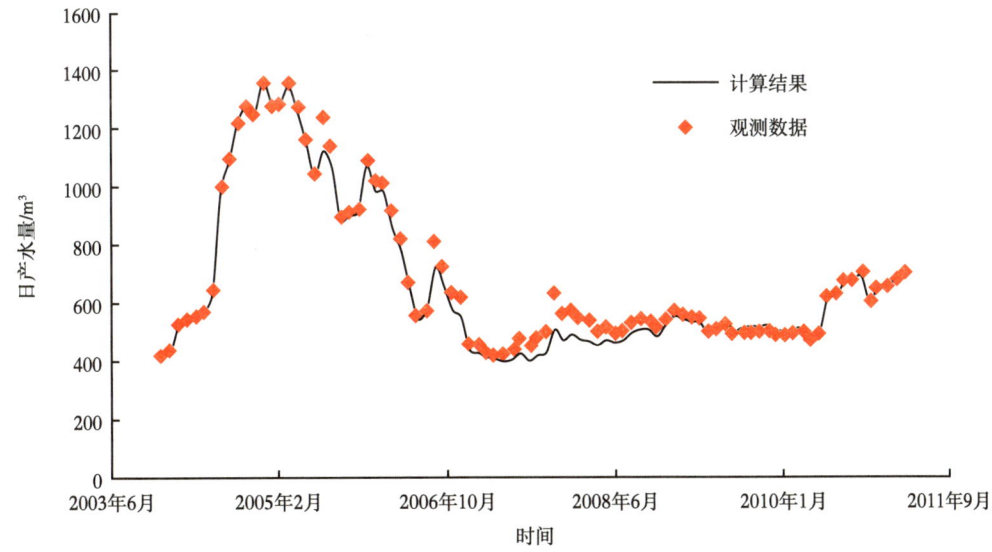

图 7-8 考虑弹性的中心井区日产水量拟合结果

147

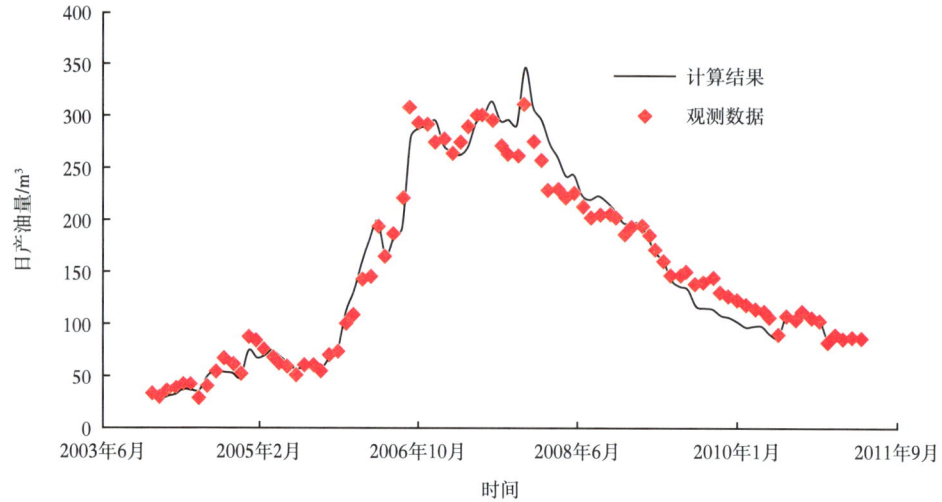

图 7-9 考虑弹性的中心井区日产油量拟合结果

图 7-10 考虑弹性的压力拟合结果

4）高浓度聚合物驱开发效果预测

在历史拟合结果的基础上，进行了高浓度聚合物驱开发效果预测。预测方案为注入聚合物溶液段塞浓度为2000mg/L，直到注入累计聚合物溶液为1280mg/L·PV为止，注入后续水驱段塞，至综合含水率为98%时结束。预测结果为高浓度聚合物驱贡献的原油采收率为19.24%OOIP，结果显示高浓度黏弹性聚合物驱由于具有高弹性，可以大幅增加原油采收率，图7-10给出了预测结果，图7-11为聚合物驱后剩余油饱和度分布图。

从聚合物驱后的剩余油饱和度分布图来看，聚合物驱后大量网格的剩余油饱和度低于水驱后的残余油饱和度，这说明聚合物溶液的黏弹性增加了驱替效率。

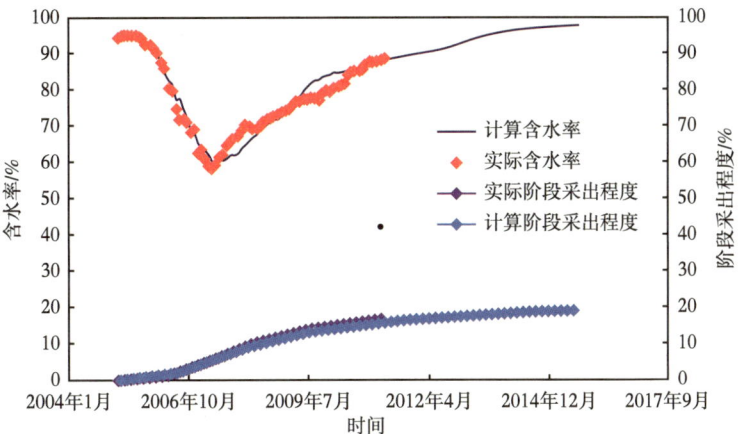

图 7-10 中心井区开发指标预测曲线

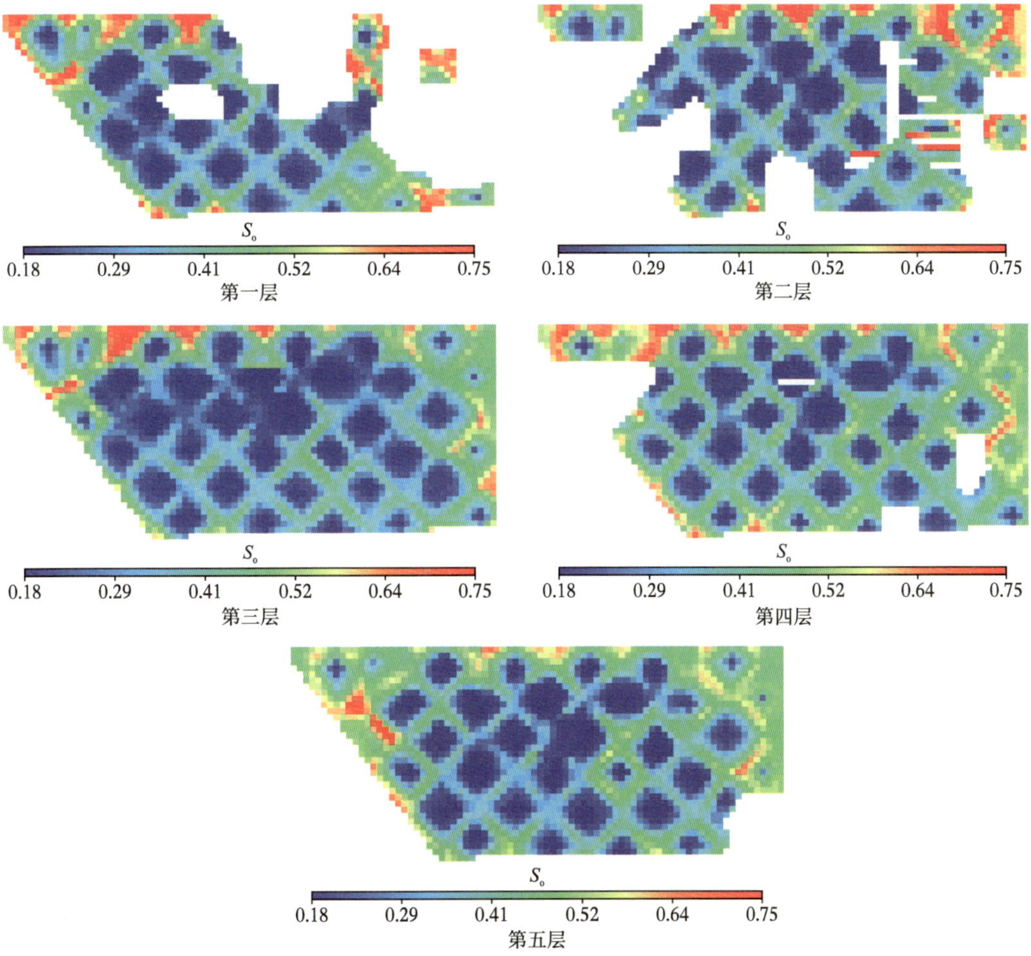

图 7-11 聚合物驱后剩余油饱和度分布图

5）数值模拟结论

在不考虑聚合物溶液弹性提高驱油效率时，数值模拟聚合物驱油机理主要考虑聚合物溶液提高水相黏度，改善油水流度比驱油，按照这样的机理，依靠聚合物溶液的黏度也能够取得比较好的产量指标历史拟合结果。但是，按照这样的工作黏度计算的注采井之间的压差非常大，而实际注采井压差没有这么大，说明数学模型仅仅考虑聚合物溶液黏度驱油机理无法正确模拟聚合物驱油过程。当数学模型考虑了聚合物溶液黏度和弹性驱油机理的双重作用后，数值模拟不仅正确拟合了产量指标，而且还较为准确地拟合了压力指标，说明以前没有聚合物弹性驱油模拟功能的数学模型是不完善的，不能够正确模拟聚合物的真实驱油过程，本节所建立的黏弹性聚合物驱油数学模型对聚合物驱油机理描述完善，能够正确模拟聚合物溶液的各种驱油机理。

二、大庆油田北一区断东西块二类油层聚合物驱开发方案设计

1. 地质开发方案概要

北一区断东位于萨中开发区北部，北起北一区三排，南至中三排，西至 $98^\#$ 断层，位于萨尔图背斜构造上，构造平缓，地层倾角 1°~2°，$98^\#$ 断层为正断层，走向北北西向，延伸长度 5.95km，最大断距 145m，由于北一区断东井数多，按照井数之半，把北一区断东分为东西两部分。其中北一区断东西部含油面积 $11.17km^2$，区域内无断层。开发区井位图如图 7-12 所示。

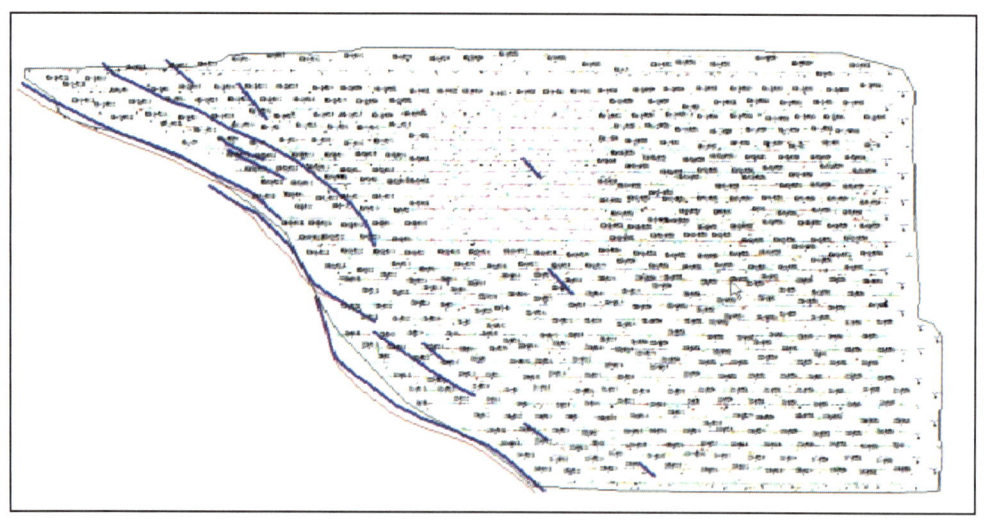

图 7-12　北一区断东西块二类油层聚合物驱井位图

北一区断东萨葡油层于 1960 年投入开发，先后部署 5 套开发井网，各套井网开发简况见表 7-2，目前井网密度 93.1 口 $/km^2$。

葡 I 组油层采用行列井网，开采对象 P I 1-7，行间距 1100m，井距 500m；萨尔图＋葡 II 组油层采用不规则四点法面积注水，开采对象萨尔图＋葡 II 组，井距 500m×500m。

1987 年一次加密调整井投产，采用不规则四点法面积布井，井距为 200~250m。开采

对象萨尔图、葡萄花油层。

1995年进行二次加密调整，不规则五点法注水井网，220m井距。

1996年开始对高含水、高产液的葡I组进行聚合物驱，采用250m注采井距的五点法面积井网。

2005年9月，对该区萨II10—萨III10上返进行二类油层聚合物驱，采用150m井距的五点法面积井网，有油水井453口。该区油水井采用一次射孔方式，平均钻遇砂岩厚度18.8m，有效厚度12.2m，平均渗透率0.525D，原始地层压力10.3MPa，破裂压力11.7MPa，地下原油黏度9mPa·s，有效孔隙体积$4017.2 \times 10^4 m^3$，地质储量$1912.9 \times 10^4 t$（表7-2和表7-3）。

表7-2 北一区断东西部基本情况表

项目	全区
面积/km²	11.17
总井数（水井+油井）/口	453（228+225）
平均砂岩厚度/m	18.8
平均有效厚度/m	12.2
平均渗透率/D	0.525
原始地质储量（SII+SIII）/10⁴t	1912.9
孔隙体积（SII+SIII）/10⁴m³	4017.2
目前采出程度/%	36.23

表7-3 北一区断东西块基本情况表

井别	井数/口	砂岩厚度/m	有效厚度/m	渗透率/D
采油井	228	21.2	13.1	0.616
注入井	225	16.3	11.3	0.656
合计（平均）	453	(18.8)	(12.2)	(0.634)

2. 聚合物驱油方案设计

在聚合物注入参数和注入方式选择的基础上，结合北一区断东西块上返油层的地质特征、水淹特点和油水井动态情况，制定聚合物驱油方案如下：

（1）聚合物驱注入速度为0.14PV/a。225口注入井日注聚合物溶液15408m³，平均单井日注聚合物溶液68.5m³。

（2）注入中分子量聚合物，聚合物用量为650mg/L·PV。聚合物溶液采用单一整体段塞注入方式，段塞浓度为1000mg/L，井口黏度不低于40mPa·s。

（3）注入聚合物溶液前需注入清水作为前置段塞，聚合物溶液使用污水配制。

3. 聚合物驱油开采指标预测

1）数值模拟地质模型的建立

北一区断东位于萨中开发区北部，北起北一区三排，南至中三排，西至98#断层，位于萨尔图背斜构造上，由于北一区断东井数多，把北一区断东分为东西两部分。北一区断东西部含油面积 11.17km²，共有油水井 480 口，其中注入井 222 口，生产井 258 口。聚合物驱开采层位是 SⅡ10—SⅢ10$_2$。根据沉积特征，建立数值模拟地质模型时，纵向上分为 9 个模拟层：萨Ⅱ10、萨Ⅱ11、萨Ⅱ12、萨Ⅱ13-14、萨Ⅱ15+16a-15+16b、萨Ⅲ1—萨Ⅲ3b、萨Ⅲ4-7、萨Ⅲ8、萨Ⅲ9a—萨Ⅲ10b。平面 X 方向划分为 120 个网格节点，Y 方向划分为 80 个网格节点，总网格节点数为 86400 个节点。

本方案运用了 GPTmap 软件附带的相约束三维建模模块进行相控建模，确定了模拟层的各项地质参数：顶界深度、砂岩厚度、有效厚度、孔隙度、渗透率及含水饱和度等。GPTmap 软件附带的相约束三维建模模块是基于相控地质建模的思想建立的，符合二类油层的地质特点。通过这项技术，实现了按砂体类型对储层属性分别描述，将精细地质的研究成果与油藏数值模拟技术紧密结合，使油藏地质模型更全面、准确。在进行相控地质建模时，直接应用相同格式的沉积相带图，即由 GPTmap 绘制而成的沉积相带图，这样使油藏数值模拟与精细地质描述的结合更加贴切、准确。分别对 31 个沉积单元的沉积相进行填充后，利用沉积相对厚度、渗透率、含水饱和度、孔隙度等进行约束、插值，完成对建模数据的前处理工作。

2）聚合物驱油总体方案

根据聚合物注入参数和注入方式优化结果，结合北一区断东西块上返油层的地质特征、水淹特点和油水井动态情况，确定聚合物驱油总体方案如下：

（1）聚合物驱注入速度为 0.14PV/a。

（2）聚合物用量为 650mg/L·PV。聚合物溶液采用单一整体段塞注入方式，段塞浓度为 1000mg/L，井口黏度不低于 40mPa·s。

（3）注入聚合物溶液前需注入清水作为前置段塞，聚合物溶液使用清水配制。

3）水驱开发效果预测

水驱预测结果：北一区断东西块聚合物驱上返开发区开采层位为 SⅡ10—SⅢ10$_2$ 的井在注入孔隙体积 1.399PV 时，全区综合含水率达到 98%，最终累计产油 112.86×10^{4}t，全区最终采收率为 42.14%，阶段采出程度 5.9%。

4）聚合物驱开发效果预测

根据北一区断东西块的地质特征，分别考虑采用两种不同的聚合物注入方式，并分别对开采层位的聚合物驱效果进行了预测。

（1）方式 1：全区注入（1200~1600）×10^4 中分子量聚合物。

全区所有井均注入（1200~1600）×10^4 中分子量聚合物，聚合物驱预测结果：聚合物驱上返开发区开采层位为 SⅡ10—SⅢ10$_2$ 的井在注入孔隙体积 0.08PV 时，全区综合含水率达到最高值 93.8%。当注入孔隙体积 0.307 PV 时，全区综合含水率达到最低值 83.66%，含水率下降幅度 10.14%。当注入孔隙体积 0.727PV 时，全区注完聚合物溶液，转入后续水驱。当全区综合含水率达到 98% 时，总注入孔隙体积数为 1.216PV，此时聚合物驱阶段采出程度为 14.1916%，全区最终采收率为 50.43%，最终累计产油 271.47×10^{4}t。

与水驱效果相比，全区聚合物驱提高采收率 8.3%，累计增油 158.61×10^{4}t。

（2）方式2：选取部分井注入（1900~2500）×10⁴高分子量聚合物，其他井仍注入（1200~1600）×10⁴中分子量聚合物。

根据区块的具体地质特征，分别在中15-2站、中213站、聚中603站选取部分开采层位发育较好的井，注入（1900~2500）×10⁴高分子量聚合物，通过对沉积特征、孔渗特性等具体分析，共选取70口井注入高分子量聚合物，其他152口注入井仍注入中分子量聚合物。采用这种注入方式，对全区的聚合物驱效果进行了预测，预测结果：在注入孔隙体积0.08PV时，全区综合含水率达到最高值93.8%。当注入孔隙体积0.307PV时，全区综合含水率达到最低值81.57%，含水下降幅度12.23%。当注入孔隙体积0.727PV时，全区注完聚合物溶液，转入后续水驱。当全区综合含水率达到98%时，总注入孔隙体积数为1.20PV，此时聚合物驱阶段采出程度为15.1%，全区最终采收率为51.34%，最终累计产油288.84×10⁴t。

与水驱效果相比，全区聚合物驱提高采收率9.2%，累计增油175.98×10⁴t。预测结果如图7-13和图7-14所示。

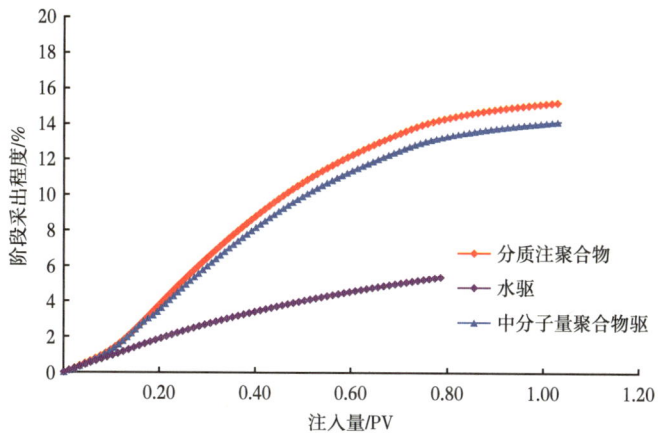

图7-13 北一区断东西块不同驱油方式阶段采收率预测曲线

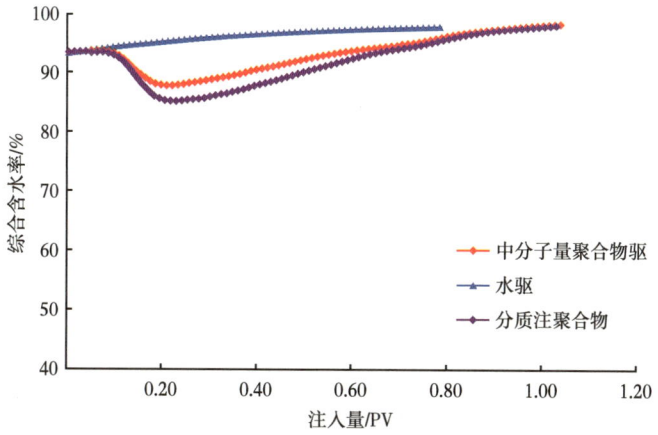

图7-14 北一区断东西块不同驱油方式含水率预测曲线

5）方案预测结论

采用两种不同聚合物注入方式的聚合物驱预测结果表明，选取部分井注入高分子量聚合物（方式2）的最终预测结果比全区注入中分子量聚合物（方式1）的预测结果要好。

因此，本方案建议采用选取部分井注高分子量聚合物的方式，这样能获得更好的开采效果和经济效益。

第二节　复合驱应用实例

一、南四西复配（石油磺酸盐+脂肽）表面活性剂—弱碱（碳酸钠）二类油层三元复合驱工业化区块

1. 区块概况

南四西二类油层位于大庆长垣萨尔图油田南部，设计油水井437口（水井188口，油井249口）。目的层为萨Ⅱ7-12油层，共10个沉积单元，区块面积8.44km²，地质储量654.49×10⁴t，孔隙体积1343.97×10⁴m³。采用五点法面积井网，注采井距125m。平均单井射开砂岩厚度11.6m，有效厚度7.3m，有效渗透率271mD（表7-4）。

表7-4　南四西工业化区块基本情况表

含油面积/km²	8.44
开采层位	萨Ⅱ7-12油层
地质储量/（10⁴t）	654.49
孔隙体积/（10⁴m³）	1343.97
砂岩厚度/m	11.6
有效厚度/m	7.3
渗透率/D	0.27
井网井距/m	125
注（采）井数/口	188（249）
化学驱时间	2016年9月
化学驱前含水率/%	93.56

2. 方案执行及进展简况

区块于2016年9月开始注入前置聚合物段塞，2017年1月开始注入三元复合驱主段塞，2019年4月开始注入三元复合驱副段塞，至今仍在注副段塞阶段。南四西2022年6月累计注入1.080PV（表7-5）。

表 7-5　南四西三元复合驱工业化区块方案执行情况表

阶段	注入参数								注入速度/(PV/a)		注入孔隙体积/PV		注入时间
	聚合物				碱浓度/%		表面活性剂浓度/%						
	分子量		浓度/(mg/L)										
	方案	实际/10^4	方案	实际	方案	实际	方案	实际	方案	实际	方案	实际	
前置段塞	高分子量	2500	1600	1582					0.22	0.22	0.06	0.073	2016年9月
三元复合驱主段塞	高分子量	1900~2500	2200	1977	1.20	1.24	0.30	0.30	0.21	0.17	0.35	0.423	2017年1月
三元复合驱副段塞	高分子量	2500	2000	1982	1.0	0.73	0.2	0.10	0.21	0.17	0.20	0.584	2019年4月
后续保护段塞	中分子量	1900	1400						0.20				
化学驱合计											0.81	1.080	

3. 三元复合驱数值模拟研究

开发指标数值模拟预测和实际开发效果对比表明，数值模拟预测和实际开发效果基本一致（图 7-15）。

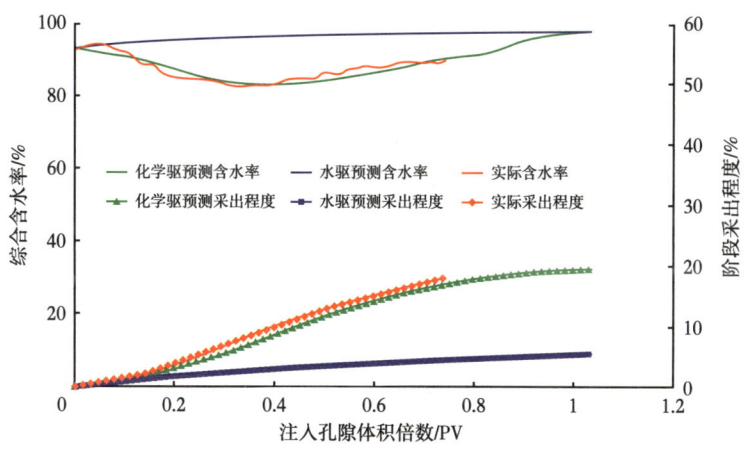

图 7-15　南四西工业化区块弱碱三元复合驱数值模拟历史拟合及效果预测曲线

二、北二东部东块二类油层强碱三元复合驱工业区

1. 区块概况

北二区东部东块二类油层位于萨北开发区纯油区东部。区块总井数 237 口，其中三元复合驱注入井 118 口，采出井 119 口。目的层为萨 Ⅱ 10-16—萨 Ⅲ 10 油层，共 18 个沉积单元，区块面积 3.86km²，地质储量 499.7×10⁴t，孔隙体积 967.6×10⁴m³。采用五点法面积井网，注采井距 125m。平均单井射开砂岩厚度 16.5m，有效厚度 11.5m，有效渗透率 347mD（表 7-6）。

表 7-6 北二区东部东块二类油层强碱三元复合驱工业区基本情况表

含油面积 / km²	3.86
开采层位	萨Ⅱ10-16—萨Ⅲ10 油层
地质储量 / (10^4t)	499.7
孔隙体积 / (10^4m³)	967.6
砂岩厚度 / m	16.5
有效厚度 / m	11.5
渗透率 / mD	347
井网井距 / m	125
注（采）井数 / 口	118（119）
化学驱时间	201710
化学驱前含水率 / %	96.82

2. 方案执行及进展简况

区块于 2017 年 10 月开始注入前置聚合物段塞，2018 年 3 月开始注入三元复合驱主段塞，2020 年 7 月开始注入三元复合驱副段塞，2021 年 5 月开始注入后续保护段塞，目前仍处于后续保护段塞阶段。北二区东部东块 2022 年 6 月累计注入 0.839PV（表 7-7）。

表 7-7 北二区东部东块二类油层强碱三元复合驱工业区方案及执行情况表

阶段	注入参数								注入速度 / (PV/a)		注入孔隙体积 / PV		注入时间
	聚合物				碱浓度 / %		表面活性剂浓度 / %						
	分子量		浓度 / (mg/L)										
	方案	实际	方案	实际	方案	实际	方案	实际	方案	实际	方案	实际	
前置段塞	高分子量	1600~1900	600	1590	—		—		0.18	0.06	0.066		2017 年 10 月 15 日
三元复合驱主段塞	高分子量	1600~1900（2018 年 3 月）；1200~1600（2019 年 5 月）	2000	2200	1.20	1.21	0.30	0.30	0.20	0.19	0.35	0.432	2018 年 3 月 7 日
三元复合驱副段塞	中分子量	1200~1600	1800	2196	1.0	1.09	0.1~0.2	0.2	0.18	0.15	0.149		2020 年 7 月 24 日
后续保护段塞	中分子量	1200~1600	1600	1590	—		—		0.16	0.20	0.192		2021 年 5 月 11 日
化学驱合计	—	—	—	—						0.76	0.839		

3. 三元复合驱数值模拟研究

开发指标数值模拟预测和实际开发效果对比显示，数值模拟预测和实际开发效果基本一致（图 7-16）。

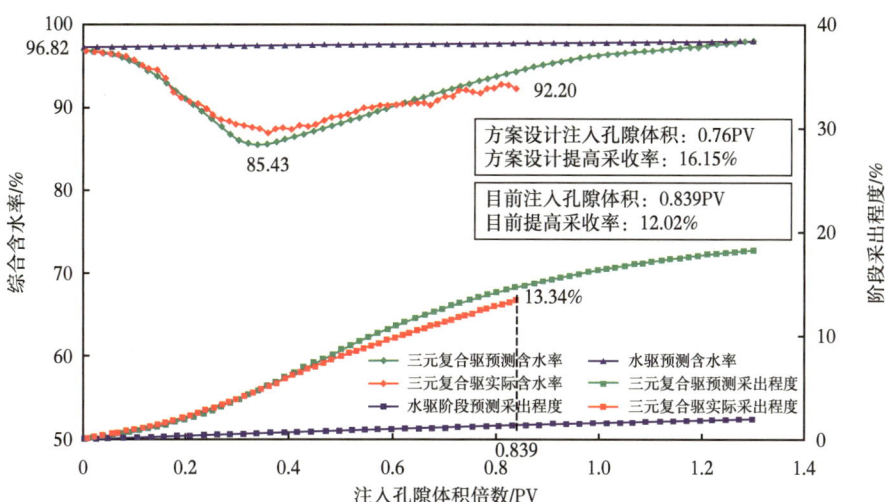

图 7-16　北二区东部东块二类油层弱碱三元复合驱方案数值模拟历史拟合及效果预测曲线

三、杏十二区纯油区葡Ⅰ3层复合驱矿场试验

1. 区块概况

试验区西部与杏十一—十二区葡Ⅰ3层小井距聚合物驱矿场试验相邻，东部以321#断层为边界（图7-17），试验区面积为0.70km²。试验区首轮三次采油目的层确定为葡Ⅰ3层。

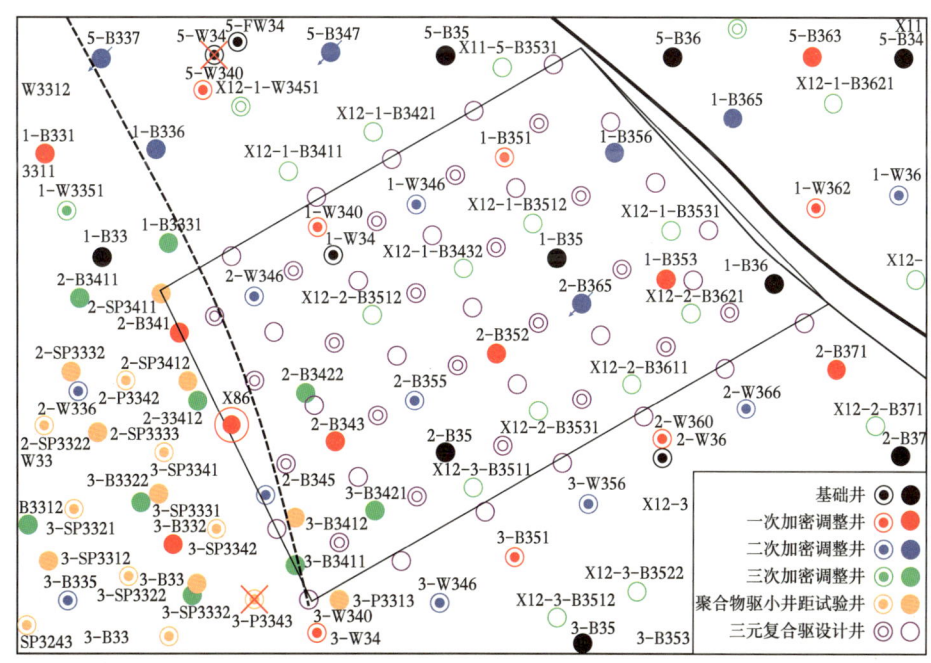

图 7-17　杏十二区葡Ⅰ3层弱碱三元复合驱井位图

平均单井射开砂岩厚度15.16m，有效厚度11.84m，其平均有效渗透率320mD，目的层地质储量为110.23×10⁴t，地下孔隙体积215.49×10⁴m³。试验区共有注采井54口，其中采出井33口，注入井21口。

2. 开发简史

试验区共有四套井网，于1971年投入开发，基础井采用400m井距四点法面积注水井网，萨葡一套层系合采。1982年以前自喷开采，1983年后陆续转抽，1986年实现全面转抽（表7-8）。

表7-8 杏十二区纯油区葡I3层三元复合驱试验区开发简况表

年份	井网	开采层系	注采井距/m	布井方式	调整后井网密度/（口/km²）
1971	基础井	萨葡合采	400	四点法	6.91
1988—1993	一次调整井	萨葡非主力油层	346	四点法	15.33
1997—1998	二次调整井	萨、葡表外及表内差层	346	线状	26.11
2002	三次调整井	萨、葡表外及表内差层	200	线状	44.80
2008	三元复合驱试验井	葡I3层	120	五点法	77.14

截至2011年6月，试验区共有油水井35口，注水井15口，平均单井破裂压力11.92MPa，注水压力11.73MPa，日注水量43m³；采油井开井20口，平均单井日产液20t，日产油1.3t，综合含水率93.62%，流动压力4.50MPa。

3. 确定弱碱三元复合驱方案依据

杏南开发区葡I3油层属于三角洲分流平原相沉积，油层中黏土含量较北部油田高，研究结果表明，储层中黏土含量越高，蒙皂石和高岭石含量越大，碱对地层的伤害越大。

杏十三区检查井葡I3油层天然岩心碱敏实验结果表明，在同样注入NaOH溶液的情况下，杏十三区检查井与北1-55-E66检查井的岩心实验结果存在较大差异，强碱条件下的杏南开发区的碱敏指数明显高于北部油田。从杏南开发区强碱和弱碱的碱敏实验结果看，注入NaOH后，渗透率下降幅度在56%~70%之间，下降幅度大；而注入Na_2CO_3后，渗透率下降幅度在17%~36%之间，渗透率下降幅度明显小于强碱，对油层的伤害要远小于强碱。因此，本试验区采用弱碱三元复合体系。

现场试验表明，石油磺酸盐弱碱三元复合体系提高采收率达到20个百分点以上，驱油效果达到强碱三元复合驱水平。室内及数值模拟研究成果表明，石油磺酸盐弱碱体系与第五采油厂油水匹配性好。

一是在第五采油厂试验区的油水条件下，石油磺酸盐与第五采油厂油水界面张力匹配性高，具有较好的匹配性；二是三元复合体系吸附性能力强；三是三元复合体系稳定性好，在90天内三元复合体系界面张力都能保持超低界面张力，黏度保留率均达到75%以上，体系稳定性好；四是三元复合体系乳化性能较好。

综上，确定试验区采用石油磺酸盐弱碱三元复合体系，段塞设计上采用聚合物前置段塞+三元复合驱主段塞+三元复合驱副段塞+后续聚合物保护段塞的模式。

4. 注入段塞设计

（1）空白水驱阶段；
（2）前置聚合物段塞：0.06PV，2000mg/L 聚合物；
（3）三元复合驱主段塞：0.35PV，1.2% Na_2CO_3+0.3% 表面活性剂+2000mg/L 聚合物；
（4）三元复合驱副段塞：0.15PV，1.0% Na_2CO_3+0.15% 表面活性剂+1800mg/L 聚合物；
（5）后续聚合物保护段塞：0.2PV，1600mg/L 聚合物；
（6）后续水驱至中心井区综合含水率 98% 时结束。

5. 方案执行及进展简况

杏十二区弱碱三元复合驱于 2012 年 7 月投产进入空白水驱注入阶段，2013 年 8 月—2013 年 12 月注入前置聚合物段塞，注入 0.065PV 聚合物（浓度 1630mg/L）。2014 年 1 月—2015 年 12 月三元复合驱主段塞阶段，注入 0.356PV 碱（浓度 1.19%）、表面活性剂（浓度 0.31%）、聚合物（浓度 2173mg/L）。2016 年 1 月—2017 年 8 月三元复合驱副段塞阶段，注入 0.256PV 碱（浓度 0.98%）、表面活性剂（浓度 0.15%）、聚合物（浓度 1699mg/L）。2017 年 9 月至今注入后续聚合物段塞，注入 0.182PV 聚合物（浓度 1667mg/L）。

截至 2018 年 9 月，累计注入液量 185.0905×10^4m^3，注入地下孔隙体积 0.8590 PV，注入干粉 3722t，聚合物用量 1520mg/L·PV（表 7-9）。阶段累计产油量 21.54×10^4t，全区阶段采出程度 19.54%，提高采收率 17.86%，与数值模拟曲线对比，实际采出程度比预测高 2.14 个百分点，预测到含水率 98% 时提高采收率达到 19.89%（图 7-18）；中心井阶段采出程度 20.58%，提高采收率 18.22%，预测到含水率 98% 时提高采收率达到 20.32%（图 7-19）。

表 7-9　三元复合驱试验区注入方案及执行情况表

阶段	注入方案					方案执行情况						阶段采出程度/%	
	注入速度/(PV/a)	聚合物/(mg/L)	碱/%	表面活性剂/%	注入孔隙体积/PV	时间	注入速度/(PV/a)	聚合物/(mg/L)	碱/%	表面活性剂/%	注入孔隙体积/PV	全区	中心井
空白水驱	0.2					2012 年 7 月—2013 年 8 月 27 日	0.20					1.85	2.18
前置段塞	0.2	1800			0.06	2013 年 8 月 28 日—2014 年 1 月 5 日	0.20	1630			0.065	0.42	0.47
三元复合驱主段塞	0.2	2000	1.20	0.30	0.35	2014 年 1 月 6 日—2015 年 12 月	0.18	2173	1.19	0.31	0.356	11.03	12.69
三元复合驱副段塞	0.2	1800	1.00	0.15	0.15	2016 年 1 月—2017 年 8 月	0.15	1699	0.98	0.15	0.256	5.88	5.44
后续保护段塞	0.2	1600			0.20	2017 年 9 月—目前	0.17	1667			0.182	2.21	1.98
化学驱合计	0.2	2092			0.76		0.17				0.859	19.54	20.58

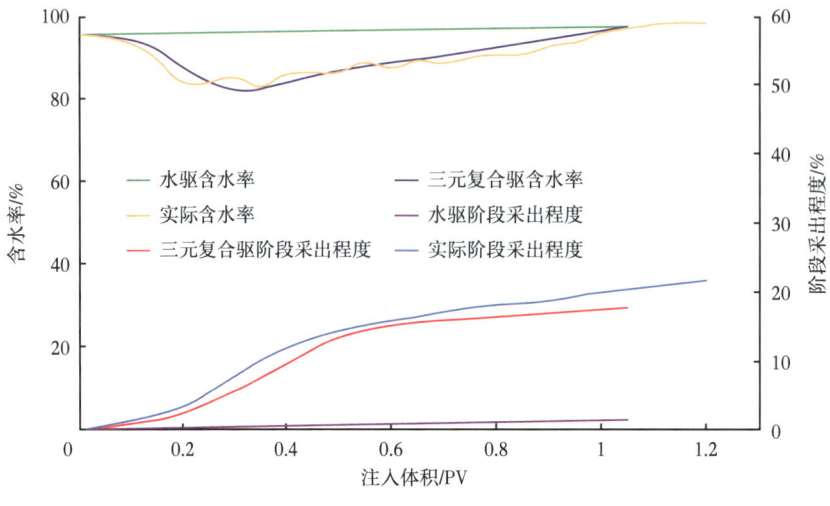

图 7-18　试验区全区数值模拟跟踪曲线

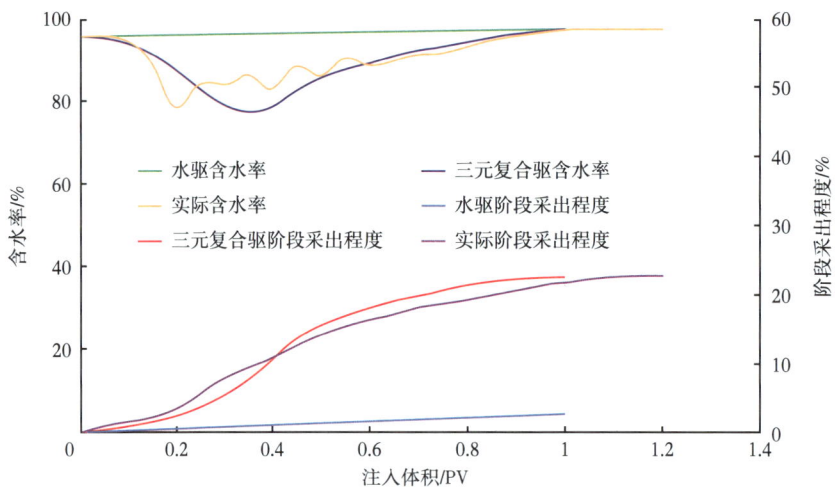

图 7-19　试验区中心井数值模拟跟踪曲线

6. 利用数值模拟技术试验区取得的技术创新成果

1）合理井网井距设计

随着井距的缩小，油层控制程度不断提高。在注采井距150m条件下，油层控制程度为76.9%；注采井距缩小到120m时，达到84.0%，提高了7.1个百分点；此后，随着井距进一步缩小到100m，油层控制程度提高幅度较小，油层控制程度为87.1%，仅较120m井距提高3.1个百分点。而根据数值模拟结果，油层控制程度直接影响化学驱提高采收率值（图7-20）。当油层控制程度达到80%以上时，三元复合驱比水驱提高采收率值可达到20个百分点左右。

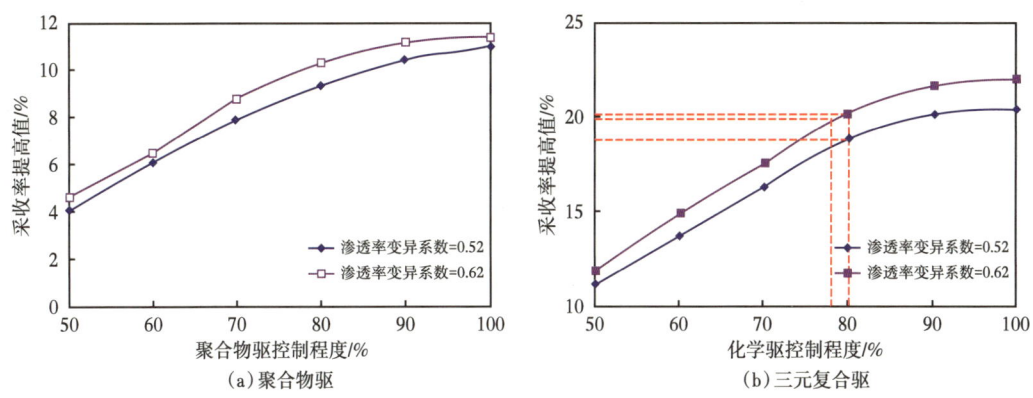

图 7-20　数模研究控制程度对三元复合驱油效果的影响关系图

统计了杏十一十二区不同注采井距条件下的聚合物驱控制程度（图 7-21），随着注采井距的缩小，聚合物驱控制程度提高。当井距缩小到 150m 时，葡 I 3 层的聚合物驱控制程度 83.9%；当井距缩小到 120m 时，葡 I 3 层的聚合物驱控制程度 89.1%。

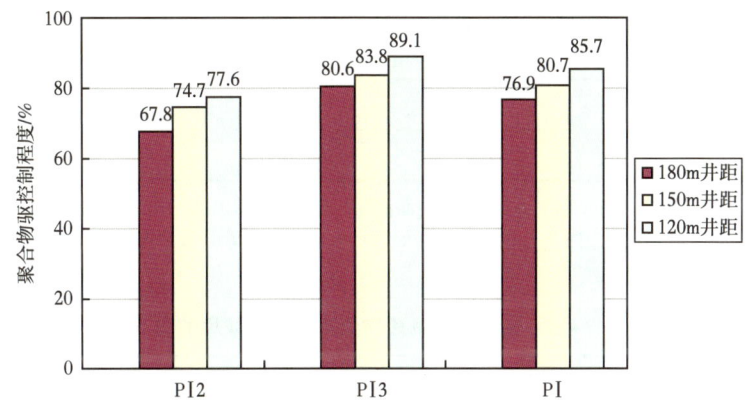

图 7-21　杏十一十二区不同井距下井网对河道砂聚合物驱控制程度

2）三元复合体系配方及段塞组合设计

（1）前置注入浓度及段塞大小确定。

驱油实验表明，流度比的大小直接影响三元复合体系的波及系数，影响三元复合驱的提高采收率效果，当注入体系的黏度与原油黏度比从 1∶1 增加到 3∶1 时，采收率增加幅度较大，当黏度比增加到 4∶1 以后增加幅度逐渐减缓。杏十二区地下原油黏度为 6.7mPa·s，按照黏度比 3∶1~4∶1 计算，三元复合体系的地下工作黏度控制在 20.1~26.8mPa·s 之间较为合理。考虑管线黏损及炮眼剪切，黏度损失 40%~50%，因此注入体系井口黏度要求达到 54mPa·s 以上。

数值模拟计算结果表明，随聚合物浓度的增大，驱油效果逐渐变好，但聚合物浓度 1600mg/L 以后，采收率的增幅趋缓。借鉴相邻的小井距杏十一十二葡 I 3 层进行聚合物驱试验经验（该试验油层发育与三元复合驱试验区相邻，油层发育基本一致，注入 $2500×10^4$ 分子量聚合物），注入体系的黏度一直保持在 80mPa·s 以上，注入能力表现良好，中心井提高采收率达到 13 个百分点以上。所以，为保证试验区三元复合体系具有较高的注入能力和较好的提高采收率效果，前置聚合物段塞的黏度确定为 80mPa·s 以上。室内配方评价表明，$2500×10^4$ 分子量的聚合物，在配制浓度为 2000mg/L 时，其黏度能达到 87mPa·s 左右，考虑到剪切因素，前置聚合物溶液到达井口时，黏度可以满足要求。因此，前置聚合物段塞可以选择浓度在 1300mg/L 左右。

数值模拟预测结果表明，随注入段塞的增大，驱油效果也相应增大，当前置段塞大小增加到 0.06PV 以后，采收率的增幅减缓，因此确定前置段塞大小为 0.06PV（表 7-10 和表 7-11）。

表 7-10　前置聚合物段塞浓度对驱油效果的影响

编号	前置聚合物段塞浓度 /（mg/L）	提高采收率值 / %
1	400	15.44
2	800	15.59
3	1200	15.72
4	1600	15.90
5	1800	15.97
6	2000	16.06

注：前置段塞大小 0.8PV；主段塞大小 0.3PV，表面活性剂浓度 0.3%（质量分数），碱浓度 1.2%（质量分数），聚合物浓度 1600mg/L；副段塞大小 0.2PV，表面活性剂浓度 0.2%（质量分数），碱浓度 1.0%（质量分数），聚合物浓度 1600mg/L；保护段塞大小 0.2PV，浓度 1200mg/L。

表 7-11　前置聚合物段塞大小对驱油效果的影响

编号	前置聚合物段塞大小 / PV	提高采收率值 / %
1	0.02	15.42
2	0.04	15.62
3	0.06	15.79
4	0.08	15.91
5	0.10	16.01
6	0.12	16.10
7	0.14	16.20
8	0.16	16.26

注：前置段塞浓度 1800mg/L；主段塞大小 0.3PV，表面活性剂浓度 0.3%（质量分数），碱浓度 1.2%（质量分数），聚合物浓度 1600mg/L；副段塞大小 0.2PV，表面活性剂浓度 0.2%（质量分数），碱浓度 1.0%（质量分数），聚合物浓度 1600mg/L；保护段塞大小 0.2PV，浓度 1200mg/L。

（2）三元复合体系浓度和段塞大小确定。

一是三元复合体系浓度确定。室内实验表明第五采油厂油水条件下，在聚合物浓度为1000mg/L条件下，表面活性剂浓度为0.05%~3%、碱浓度为0.4%~1.6%范围内，油水界面张力都可以达到超低，考虑到地下吸附、滞留等影响，充分发挥三元复合体系的协同作用，三元复合体系的表面活性剂浓度范围确定为0.1%~0.3%，碱浓度范围为0.8%~1.2%。根据研究结果，碱浓度在主段塞达到1.2%、副段塞达到1.0%时提高采收率幅度减缓；表面活性剂浓度在主段塞浓度达到0.3%、副段塞浓度达到0.1%时提高采收率幅度减缓。据此，确定试验区碱浓度在主、副段塞分别为1.2%和1.0%；表面活性剂浓度在主段塞为0.3%，考虑杏南油层泥质含量较高对表面活性剂吸附量大，将副段塞表面活性剂浓度调整为0.15%（图7-22）。

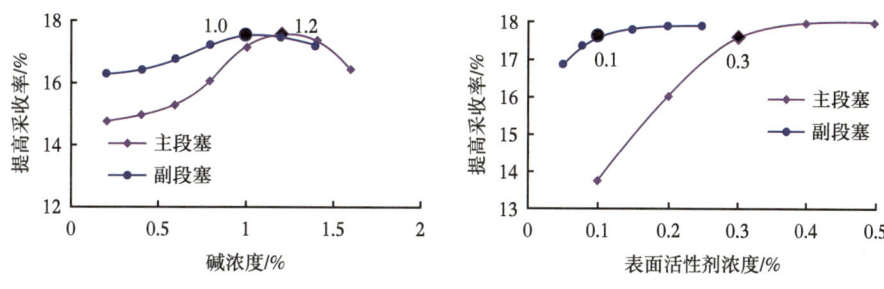

图7-22　不同碱浓度、表面活性剂浓度对驱油效果的影响

二是三元复合体系段塞大小的确定。通过典型模型的数值模拟可以看出（表7-12），在相同的段塞大小条件下，不采用副段塞注入方式的驱油效果最佳。对固定0.35PV主段塞和固定0.10PV副段塞的两种组合方式，驱油效果都相对减小，但总体对采收率的影响

表7-12　主、副段塞组合对驱油效果的影响一

段塞大小	主段塞		主、副段塞组合一			主、副段塞组合二		
	主段塞/PV	提高采收率/%	主段塞/PV	副段塞/PV	提高采收率/%	主段塞/PV	副段塞/PV	提高采收率/%
0.20	0.20	8.69	0.10	0.1	8.2	0.35	—	—
0.30	0.30	11.81	0.20		11.45		—	—
0.35	0.35	13.43	0.25		12.75		—	—
0.40	0.40	14.38	0.30		14.15		0.05	14.23
0.45	0.45	15.31	0.35		15.23		0.10	15.23
0.50	0.50	16.11	0.40		16.06		0.15	16.03
0.55	0.55	16.93	0.45		16.88		0.20	16.81
0.60	0.60	17.66	0.50		17.63		0.25	17.51

注：主段塞为0.30%表面活性剂+1.2%碱+2000mg/L聚合物；副段塞为0.20%表面活性剂+1.0%碱+1800mg/L聚合物。

不大，采用副段塞降低表面活性剂用量是可行的。对于以上两种组合方式，在三元复合驱段塞 0.5PV 以内，提高采收率的效果接近。对于表 7-13 中的三种三元复合驱段塞组合方式，可以看到，随着主段塞大小的增加，提高采收率值增大，但增加幅度减小。目前已开展的北二西三元复合驱矿场试验，采用的是石油磺酸盐弱碱体系，三元复合驱段塞组合为 0.35PV 主段塞 +0.15PV 副段塞的方式，取得了较好的效果，最终将提高采收率 20% 以上。因此，结合以往的矿场试验，确定三元复合驱段塞为 0.5PV，推荐主段塞为 0.35PV，副段塞为 0.15PV 的主、副段塞组合形式。

表 7-13 主、副段塞组合对驱油效果影响二

三元主段塞		三元副段塞		提高采收率 /%	组合方式
大小 / PV	配方	大小 / PV	配方		
0.3	0.3% 表面活性剂 +1.2% 碱 + 2000mg/L 聚合物	0.2	0.2% 表面活性剂 +1.0% 碱 + 1800mg/L 聚合物	15.97	一
0.35	0.3% 表面活性剂 +1.2% 碱 + 2000mg/L 聚合物	0.15	0.2% 表面活性剂 +1.0% 碱 + 1800mg/L 聚合物	16.03	二
0.4	0.3% 表面活性剂 +1.2% 碱 + 2000mg/L 聚合物	0.10	0.2% 表面活性剂 +1.0% 碱 + 1800mg/L 聚合物	16.06	三

3）建立了分类井跟踪数模

为进一步提高分类井组跟踪调整效果，对分类井组试验效果进行了预测，从预测结果看，三类井存在较大差异，从试验区西部往东三元复合驱效果越来越好，三类井中位于东部的 A 类井阶段采出程度达到 20 个百分点以上，而位于西部的 C 类井仅为 11.48 个百分点，相差近一倍。分析主要有两方面原因：（1）受邻近聚合物驱试验区聚合物推进影响程度越来越小；（2）油层发育变好，剩余油相对富集（表 7-14，图 7-23 至图 7-26）。

表 7-14 分类井数值模拟效果对比表

井类	面积 /km^2	砂岩厚度 /m	有效厚度 /m	孔隙体积 /($10^4 m^3$)	地质储量 /($10^4 t$)	注聚合物前采出程度 /%	数值模拟含水率最大降幅 /%	数值模拟阶段采出程度 /%
A	0.31	17.90	14.19	111.81	56.66	50.08	24.03	20.83
B	0.20	14.71	11.81	60.44	31.09	46.38	12.52	13.77
C	0.20	12.28	8.67	43.23	22.48	45.98	8.12	11.48
全区	0.71	15.33	11.87	215.49	110.23	47.44	17.97	17.65

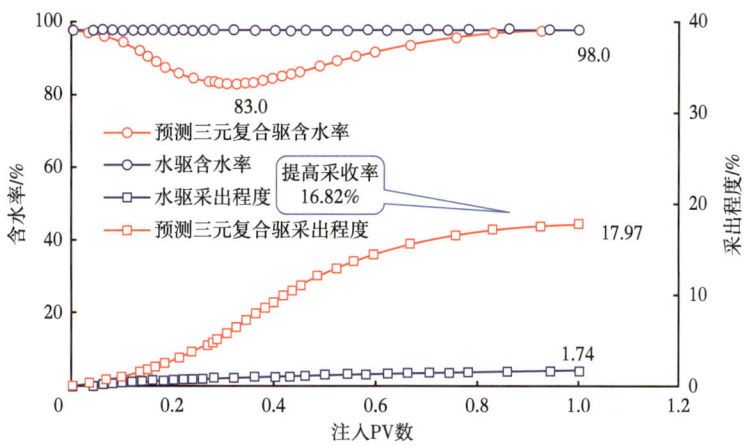

图 7-23　全区数值模拟曲线

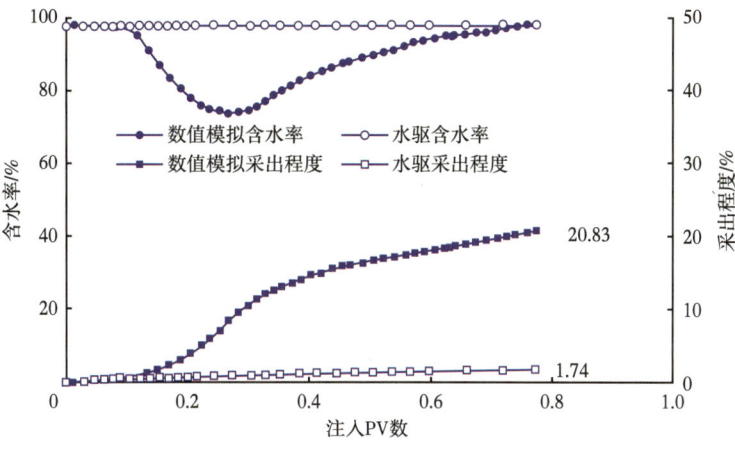

图 7-24　A 类井数值模拟曲线

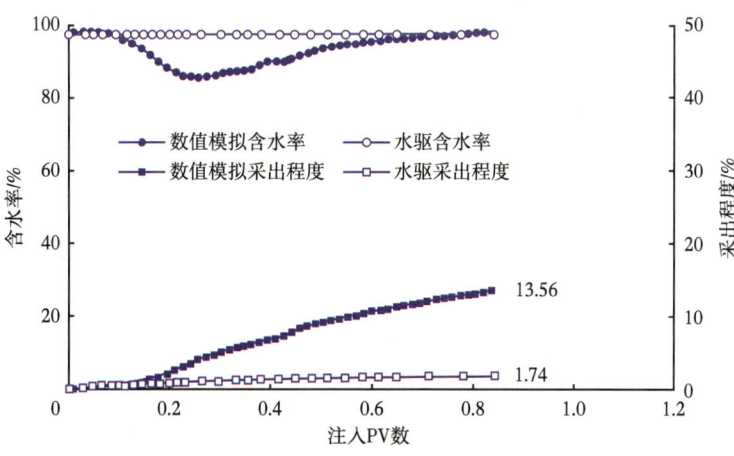

图 7-25　B 类井数值模拟曲线

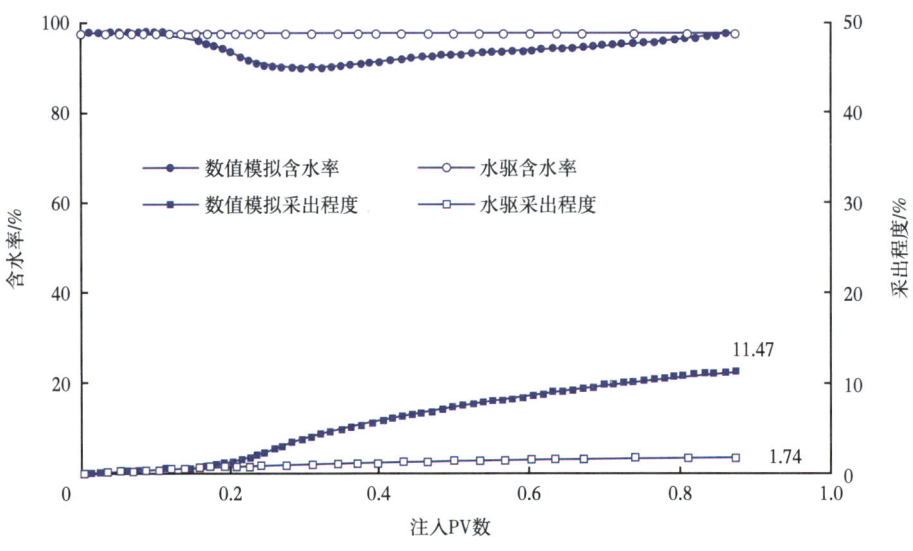

图 7-26　C 类井数值模拟曲线

从分类井效果看：A、B 类通过个性化调整后的效果好于数值模拟预测，其中 A 类井阶段采出程度 24.68%，高于数值模拟预测 3.85 个百分点；B 类井阶段采出程度 15.44%，高于数值模拟预测 1.88 个百分点；C 类井阶段采出程度 7.97%，基本与数值模拟持平，分析效果差的主要原因是受邻近试验区聚合物推进影响油层注采能力低，剩余油分布模式更倾向于聚合物驱后剩余油，挖潜难度大。从全区情况看，阶段采出程度达到 19.40%，高于数值模拟预测 2.01 个百分点（图 7-27 至图 7-30）。

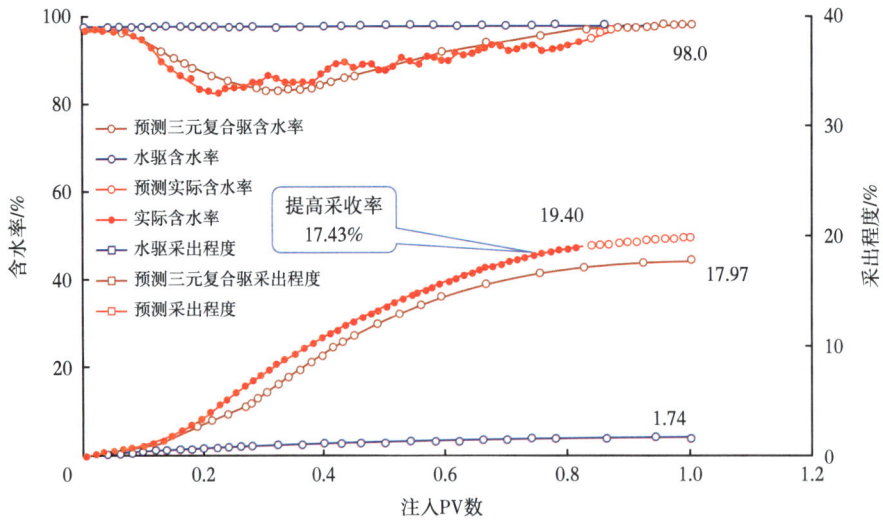

图 7-27　全区数值模拟跟踪曲线

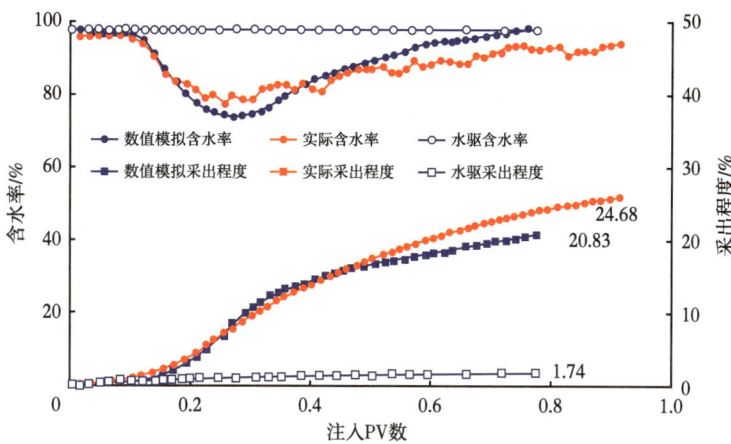

图 7-28 A 类井数值模拟跟踪曲线

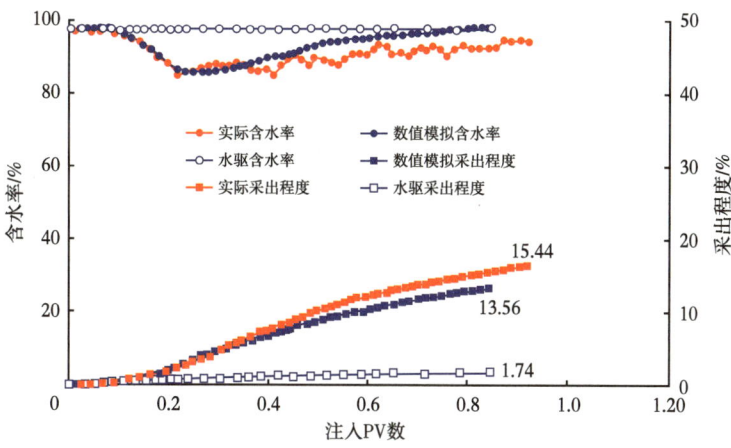

图 7-29 B 类井数值模拟跟踪曲线

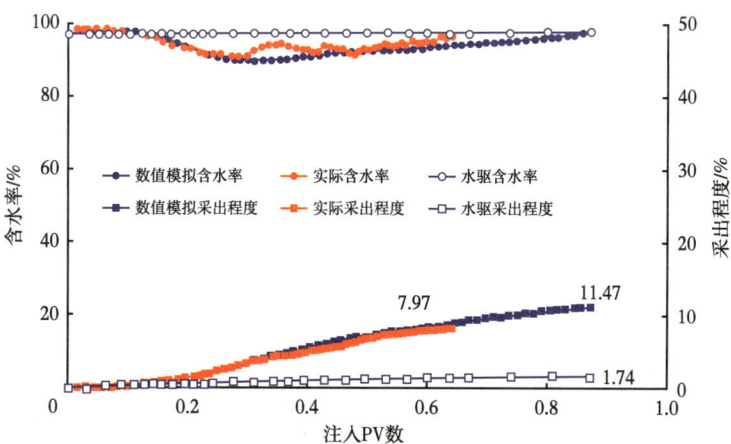

图 7-30 C 类井数值模拟跟踪曲线

在细分井组个性设计的基础上,通过采取全过程的基于分类井的跟踪调整技术,有助于提高试验的整体效果,与正常调整相比,多提高采收率 2.01 个百分点,因此,以分类井为基础制定的跟踪调整对策较合理,取得的跟踪调整效果较显著,有利于试验区取得较好的试验效果。

参考文献

[1] 叶仲斌.提高采收率原理[M].北京：石油工业出版社，2007.
[2] 王凤兰，伍晓林.大庆油田三元复合驱技术进展[J].大庆石油地质与开发，2009，28（5）：154-162.
[3] 王德民，程杰成，杨清彦.黏弹性聚合物溶液能够提高岩心的微观驱油效率[J].石油学报，2000，21（5）：45-51.
[4] 夏惠芬，王德民，刘中春，等.粘弹性聚合物溶液提高微观驱油效率的机理研究[J].石油学报，2001，22（4）：60-65.
[5] 陈国，邵振波，韩培慧.具有弥散扩散模拟功能的三维三相聚合物驱油数学模型[J].大庆石油地质与开发，2013, 32（1）：109-113.
[6] 贾智淳，闫术，董晓芳，等.剪切变稀作用对聚驱试井分析影响的数值研究[J].西南石油大学学报（自然科学版），2016，38（5）：107-112.
[7] 夏惠芬，王德民，王刚，等.化学驱中黏弹性驱替液的微观力对残余油的作用[J].中国石油大学学报（自然科学版），2009，33（4）：150-160.
[8] 曹宝丰.聚合物溶液黏弹性作用研究[D].长春：吉林大学，2016.
[9] 王凤兰，陈国，韩培慧，等.适合化学驱大规模工业化应用的实用油藏数值模拟技术[J].EAGE，2022.
[10] 王业飞，黄勇，孙致学，等.聚合物驱数值模拟参数敏感性研究[J].油气地质与采收率，2017，24（1）：75-79.
[11] 隋欣.三元复合驱硅垢形成规律与主要控制因素研究[D].大庆：大庆石油学院，2006.
[12] 姜伟.三元复合驱输油管结垢机理及除垢技术研究[D].大庆：东北石油大学，2013.
[13] 王庆国.大庆油田三元复合驱油井清防垢技术研究[D].长春：吉林大学，2004.
[14] 孙赫，陈颖，钱慧娟.油田除垢技术研究进展[J].化学试剂，2012，34（11）：991-994.
[15] Delshad M. UTCHEM version 6.1 technical documentation[D]. Center for Petroleum and Geosystems Engineering, The University of Texas at Austin, Austin, Texas, 1997.
[16] Wang D M, Cheng J C, Yang Q Y, et al. Viscous-elastic polymer can iincrease microscale displacement efficiency in cores[C]// SPE Annual Technical Conference and Exhibition, 2000.
[17] Wang D M, Cheng J C, Xia H F, et al. Viscous-elastic fluids can mobilize remaining oil after water flood by force parallel to the oil-water interface[C]//SPE Asia Pacific IOR Conference, 2001.
[18] Chun Huh, Gary A Pope. Residual oil saturation from polymer floods: laboratory measurements and theoretical interpretation[C]//SPE IOR Symposium, 2008.